NF文庫
ノンフィクション

新人女性自衛官物語

陸上自衛隊に入隊した18歳の奮闘記

シロハト桜

潮書房光人新社

プロローグ

これは昔々、昭和の終わりが近づく頃、私が自衛官だった時のお話である。

父が自衛官だったためか、一般的にはやや閉鎖的な世界ではあるが、幼い頃から慣れ親しみ身近な存在であった自衛隊。

当時は高度経済成長中の日本。休日になると父に付いて行き、自衛隊によく遊びに行った。第二次ベビーブームの影響もあり、宅地化が進み、大きな空き地には次々と学校が建った。

私が一番好きだったのは自衛隊の芝生である。家の近くにも広場はあったが、それとは違い、自衛隊の手入れの行き届いた芝生には、春になるとシロツメ草が咲き誇る。

父の用事を待つ間、その広々とした芝生を独り占めにし花の冠を作った。ゴロンと寝そべると、青空には白い雲が流れ、アルプスの少女ハイジのような気分であった。

そんな環境の中で育った私にとって、年頃になり父と同じ職業に就くことは自然の流れであったように思う。

昔の自衛隊の勧誘は、街で声を掛けられ「カツ丼をおごるから」などとそそのかされるイメージがあるが、女性の自衛官の場合は昔であってもそうではなかった。地域により多少異なるが、採用には高い倍率があり、志の高い女性が全国各地から志願するのである。

私の住まいは自衛隊に否定的な風潮の地域にあり、学校も同じく否定的であった。高校の進路相談で、大して考えもせず「自衛隊に入るか専門学校へ進学したい」旨の希望を伝えたところ、当然自衛隊入隊は爽やかにスルーされた。

しかし父の思惑は「断固自衛隊入隊」であった。そこで父の手配により、地方連絡部（現在は地方協力本部）という採用担当の部署の方が自衛隊について説明に来られた。

地連（「地方連絡部」の略称。以下、地連と記載）の方の説明によると、隊員の部屋は一人一人にベッドが与えられ、その側には各人の家具が備え付けられているという。

日頃、布団での生活であったため、ベッドという響きにとても憧れた。想像の中では、フランスの貴族のベッド（当時、某ベッド会社の素敵なCMが毎日テレビで流れていた）のような重厚なベッドに備え付けのおしゃれな自分用の家具がある世界。

その上、仕事の内容は様々選べ、受付嬢やオペレーター、エンジニアなどたくさんあるとのこと。横文字を並べられ、なんだかとても素敵な仕事のように思えた。

その後、採用試験を受けた。筆記試験の他に面接もあった。緊張の面接であったが、質問は「もし採用されて、彼氏が遠くに行ってほしくないといった場合はどうしますか?」だった。

一応勤務地の希望調査はあるが、希望が叶う保証はなく、全国どこへでも行けるかとの質問である。それは覚悟の上での受験であったため「彼氏はいません」と答えた。その答えに面接官は、気まずそうに「すみません」と謝られた。そしてなんともいえない沈黙が続き、それだけで面接時間が終わってしまい、「これは落ちたな」と思った。

専門学校と自衛隊、とても迷ったが、気持ちはすでに自衛隊の「ベッド」に傾いており、まずは自衛隊の合否を確認してから、専門学校を考えることにした。

その後、運良く自衛隊からの合格通知が来て自衛隊に入隊する決心をしたのである。今となっては、この道を選んで良かったと思う、また父にも感謝している。

その当時、女性の自衛官の新隊員の教育隊は、東京の朝霞駐屯地にしかなく、私は春を待ちながら東京へ行く心構えをした。友達は進学するか、地元の企業に就職する者がほとんどで、他府県に出て行く者はほぼいなかった。

三月になり出発の日、新幹線のプラットホームには大勢の見送りの人が集まり、結婚式の後の見送りのような騒ぎとなった。みんなが別れを惜しんで泣いている中、私だけは笑顔であった。

上京や出稼ぎなどの言葉が普通にあった時代、初めて実家を出て一人で新幹線に乗って東京へ行くことに胸が高鳴った。しかも東京に行けば憧れの「ベッド」が私を待っているのだ。

カバー・本文イラスト／藤沢　孝

新人女性自衛官物語——目次

新人女性自衛官物語

——陸上自衛隊に入隊した18歳の奮闘記

陸上自衛隊の階級と階級章

幹部	将官		陸上幕僚長
			陸　将
			陸 将 補
	佐官		1等陸佐
			2等陸佐
			3等陸佐
	尉官		1等陸尉
			2等陸尉
			3等陸尉
准尉			准 陸 尉
曹士	曹		陸 曹 長
			1等陸曹
			2等陸曹
			3等陸曹
	士		陸 士 長
			1等陸士
			2等陸士

第１章　自衛隊に入隊

憧れの「ベッド」のはずが……

無事に朝霞駐屯地に着き、門のところでチェックを受けた後は教育隊行きのマイクロバスに乗せられた。元々高い志があった訳でもなく自然の流れでここまできてしまった私は、嫌だったらすぐに辞めて帰ろうと思っていた。

帰る道順を覚えておくためにマイクロバスの窓から必死に外を眺めていたが、何度も曲がりわからなくなった。予想を遙かに超えて教育隊への道のりはかなり遠かった。都会なのになんと大きな駐屯地なのだろうと驚き、帰るのは無理かもしれないと消沈した。

マイクロバスはひたすら走る。入った門からは反対側の位置くらいだろうか、駐屯地の端の行き止まり感があるところで停車した。緑の木々が生い茂り、舗装は一応されているものの、所々穴だらけの道沿いにある真新しい綺麗な建物が「婦人自衛官教育隊」であった。

受付を済ませ、部屋へと案内された。ピンクを基調とした綺麗な部屋だったが、簡易な水色のペンキが塗られた鉄骨だけのベッドのような物と、グレーの縦長の細い事務的な更衣ロッカーがあるだけの部屋だった。

「ここはきっと簡易な宿泊施設で、待合室に使われているだけなのだろう」「私の部屋ではないな」と思い指示を待った。しかし教育隊の人は、次から次へと着隊する人の受付が忙しいようで一向に移動の指示は来ない。

荷物を下ろし、ふと目に入った物に私は愕然とした。あろうことか、その無骨な鉄骨のベッドのような物に私の名前が貼ってあるではないか！　血の気が引いた……あまりの衝撃に思考が停止する。いや、これは何かの間違いだ……これが夢にまで見た私の「ベッド」であるはずがない……あってはならないのだ!!

しかし、それが私に突きつけられた現実だった。もちろん地連の人は一言も「貴族風のベッド」とはいっておらず、勝手に妄想したにもかかわらず、騙されたような気分になり非常に落胆した。これが私のベッドということは、この縦長の事務的な更衣ロッカーが家具ということになるのだろうか?

想像していたものとは全く次元の異なるベッドに魂を抜かれたように力なく腰を下ろすと、木の底板を支えるワイヤーが「ギシッ」と鳴り、体操で使うマットのような感触のマットレスが私を迎えてくれた。

私は呆然とし、やっぱり辞めて帰ろうかと泣きそうになった。この先、私はやっていけるのだろうか、不安でいっぱいになった。

初めての夜はこうして更けていった。

婦人自衛官教育隊

次の日からは、身体検査など目まぐるしい予定がいっぱいであった。実は身体検査も私にとっては気がかりの一つであった。小学生の頃は背が高く、自分は背が高いと思っていたが、高学年から伸び悩み、いつの間にか同級生に抜かされて小さい部類となっていた。しかしそのことを意識しないまま私は育った。

自衛隊には身体の採用基準というのが存在する。身長は女性の場合一五〇センチ以上で、私はギリギリであった。足のサイズにおいては制限はなかったが、二一・五センチと小さかった。全体的に細くて小さく足りないところが色々とあったため、身体検査で落とされるのではないだろうかという心配があった。

男性の場合は、当時募集難であったため、「見込み入隊」という柔軟な対応で、少々体格が基準値に届かなくとも、背はいつか伸びるだろう、体重はいつかやせる（あるいは太る）だろう、指はいつか生えてくるだろうといって合格させたとの笑い話もあった。しかし女性の場合はそうはいかないかもしれない……不安の中、身体検査を受けた。

内容は、体格だけではなく視覚・聴覚検査、平行感覚などの検査、四肢の異常の検査、妊娠の有無などであった。仮採用のような形であるため、この時点で異常のある者は不採用となり若干人数が減るのである。私はなんとかクリアし入隊式に備える日々が始まった。

まずは全ての物に記名したり名前を刺繍したりする。貸し出される体操服＝いわゆる「ジャージ」や装具類など全てだ。量が多くそれだけで一日が終わったように記憶している。統一された青色の一昔前のようなジャージ上下に靴下は白色で生活する。

良いようにいえば体育会系のクラブ活動時のようであるが、私には刑務所のように感じた。おしゃれや個性などは必要のない世界に入ってしまったのだ。

嬉しかったのは制服類の貸与である。真新しい自分用の自衛隊の制服を渡され舞い上がった。貸与される官給品で男性と違うのは、靴下が黒ではなくえび茶と呼ばれるエンジ色と白。その他はスリップとガードル、ストッキングである。

当時の物は製品としてはあまり上質ではなく、若い子が着る物ではなかった。そのせいで、直ぐに実家のお母さんに送ってしまった子が何人かいて、後でこっぴどく怒られていた。退職時には靴下・手袋類を除き、全て返納である。

制服類には階級章を縫い付けなければいけなかった。階級章を付ける位置は厳密に定められており、その通りにしなければいけないが、その位置を理解するのが難しく歪んでしまい指導された。裾上げなど慣れない裁縫が続き苦戦した。制服の規格サイズがピッタリの者もいたが、私の場合は全て直さなければならなかった。

裁縫など家庭科の授業くらいでしかやったことがなく、家では当然のように全て母任せであったため母のありがたさを痛感した。特にスカートは平行ではなく引きつったとても下手な裾上げで、なんとも無様であった。「おまえのスカートは米俵か」と笑われる始末。自衛隊では体格にあった制服類を選ぶのではなく、体を制服規格に合わせるのだといわれた。

その他には靴の磨き方も習う。半長靴（はんちょうか）と呼ばれる安全靴は革製であった。先端の堅い部分を、私達の指導に当たる班長達はピカピカに磨き上げている。私たちはそれを「栗まんじゅう」と呼んだ。

初めての靴磨き、靴磨きセットを前に班長の説明を思い出しながら磨くのだが、何をどんな順番で使えばあんなピカピカになるのかといつも思っていた。私が栗まんじゅうを習得するのはまだまだ先のことであった。

またベッドメイクも教わる。緑の毛布が五枚とシーツ二枚に枕と枕カバーに掛け布団。寝具の使い方にも決まりがあり統一して同じ形にしなければいけなかった。

班長が手本を示す。それがどこかのホテルのベッドメイクのように鮮やかで素早くとても驚いた。自衛隊をもし辞めたらホテルのベットメイクの仕事ができるのではないかと思えるほど素晴らしかった。

部屋を出る時には、シワがないようにし、マットレスの角に沿い、手で毛布に角を付けるのである。あの私が泣きそうになったみすぼらしい鉄骨ベッドも、ベッドメイクをしたら少し見られるようになり、ベッドが唯一の自己スペースであるため憩いの場となりつつあった。

私達は与えられた作業を黙々とこなす日々が続いた。

郷に入っては……

私たち同期は各区隊に分けられ、さらに各区隊は班に細分された。そして名字の後に階級を付け「〇〇二士」と呼び合う。

婦人自衛官・通称WAC(Women's Army Corpsの略で「ワック」と読む)。そのお世話をして下さるのが班長と呼ばれる教育隊の女性の先輩自衛官である。各班に一名ずつ配置され階級は二等陸曹~三等陸曹。とても優しく大変親切であった。

その上には区隊付きと呼ばれる陸曹長~一等陸曹クラスの自衛官が区隊毎に一名配置され、区隊付きは男性の場合もあった。またその上に区隊長と呼ばれる二等陸尉クラスの幹部自衛官がいる。

女性の自衛官がまだ少なかった時代とはいえ、全国から集まった女性の新隊員は総勢一〇〇名を超え、区隊は全部で六区隊あり、各区隊には三個班、班員は七名前後であった。一部屋に班員七名前後が共同生活し、各人の間仕切りはなく、自分のベッドの上だけが個人のスペースであった。

班長達は同じ建物に住み、いつも部屋を訪れ朝早くから夜遅くまで私たち新隊員の面倒を見て下さった。着隊して桜が咲いているのに雪が降り、体調を崩し風邪をひいてしまった私にとても気を掛けていただき感謝した。仕事とはいえなかなかできないことである。

婦人自衛官教育隊での生活は、訓練は学校での体育会系のクラブといった印象で、そこに他人との集団生活が加わり、時間に厳しい日々は、家での生活とは天と地であった。いつもならテレビを見ている時間であったり、友達と長電話をして、好きな時間に寝て、朝シャンも当たり前の生活が一転して、恐ろしいくらい規則正しい生活となった。

しかし順応性には自分自身でさえ驚くものがあった。郷に入っては郷に従えなのである。皆も同じだったのではないかと思う。志を持って田舎から出てきた同じ年くらいの女の子の集団。やる気がない子もおらず、自分勝手やわがままをいう子もいない。集団とはいえ、まだ数日一緒に過ごしたにしかすぎず、それぞれに一人で自身と戦っていたのかもしれないとても純粋であったと思う。

人生初の刈り上げ

着隊から数日たったある日、班長に何人かが呼ばれた。私も肩をたたかれ、加わった。どこかに行くらしい。わからずに列に並んでいると、今、呼ばれた者はこれから散髪に行くのだという。

地連の方の事前説明では、髪の毛は肩に付かなければ良いと聞いており、そのとおりにショートボブ（おかっぱ頭）にして行ったが、実際はそれでも不可であった。

有無を言わさず歩いて駐屯地内にある散髪屋さんに連れて行かれた。皆、沈黙で重い空気である。髪は女の命とばかりに半泣きの子もいた。しかもおしゃれなカットショップではなく、男性の隊員さん用の散髪屋さんである。

散髪台に座り「どんな髪型にしますか？」と聞かれた。店内を見回しても男性モデルの写真のみが飾られているだけだった。当時の女性の流行の髪型は聖子ちゃんカットだったが、そんなのは到底無理だろう、反対にどんな髪型なら許されるのだろうか。散髪屋さんは毎度のことで慣れておられるのか、慰めるように優しかった。

しかし私は短くなることにあまり抵抗がなかったため「スッキリ短くして下さい」とだけ伝えた。

数分後、今までの人生の中で経験したこともないバリカンの音とジョリジョリという感触に大いに慌てる。鏡の中にはショートカットとはいえない、みごとなまでの刈り上げスタイルの自分がいた。当時流行っていたチェッカーズの髪型のようで、刈り上げもまんざらではないと思ったが、どこからどう見ても女性には見えなかった。

最後に散髪屋さんは「もみあげはどうしますか？」と聞いてきた。も・み・あ・げ……聞いたこともない単語であった。どうしますかと聞かれても、意味がわからず、マッサージのようなことかと思い「軽く揉み上げて下さい」といってしまった。今となっては笑い話である。

思いの外、人生初の刈り上げ頭はとても快適であり、同期にも好評であった。この後に待っている訓練や汗をかくことが多い生活の中では、衛生面もふくめ髪型は短い方が何かと便利であり、特にドライヤーを使用することがなくなったことは、朝の貴重な時間にはとても助かった。

教育隊においては、髪型を短くする指導は適切であると思った。ちなみに女性の居室には各部屋の中に鏡が数枚並んでおり、その下には棚があり、椅子が備え付けられドレッサーとして使用するスペースがある。この時はまだ知らなかったが男性の居室にはドレッサーはなく、女性特有のスペースなのだそうである。

髪の毛は短く、化粧をしている子も誰もいなかった。化粧を知らない子も多かったと思うが、化粧をする暇がないのである。

就職するからと、母が一揃え化粧品を持たせてくれたが、化粧をする機会は、ほんどなかった。そこは一般の会社とは違うところかもしれない。おしゃれや個性は二の次の、まずは皆一緒の集団生活なのだ。違うのは顔や背の高さや体型ぐらいか？

移動も訓練

自衛隊は列を作るとき背の順で並ぶことが多いが「身幹順（しんかんじゅん）」と呼ばれる、背の高い者が前の順番である。歩く速さも歩幅も大きな先頭の者に合わすのが鉄則。私はどんな時も最後尾で、一生懸命大股で歩いて、前の者に付いていった。

訓練をする時は、バディーと呼ばれるペアで行なった。何故か私のバディーは区隊一背が高いモデルサイズの一七〇センチを超える同期であった。いつも一緒であり力を合わせて支え合う。班長から私たちに付けられたニックネームは「デコボコ」、言うまでもなく私はボコであり、私個人は班長から「ちびっ子」と卒業まで呼ばれた。

食事に行くときも班単位で身幹順に並んで食堂まで歩いていく。着隊して当分の間は班長が同行して下さる。徐々に歩調と呼ばれる班長のかけ声に合わせて左・右・一・二・一・二と足を合わせて皆で行進していく。

途中、班長が「歩調数え」と号令をかけると、私達は習ったとおり「一二三四、一二三四」と大きな声を出して歩いた。移動するときも訓練なのである。

食事に行くのはもちろん私達の班だけではない。WACの新隊員全員が、それぞれの班で列をなし、芋虫のような状態で食堂を目指すのである。少しでも早く食堂に着けるように、その芋虫の集団は急ぎ足で移動するのである。

駐屯地には、WACの新隊員の甲高い号令の声が響き、春の風物詩にもなっている。

食堂に入ってもご飯の受け取り方から細部に至るまで教えてもらう。食事の時間になると、駐屯地の人が一斉に食堂に押し寄せ長い列ができる。食堂に入るとお盆を取り、順番にお皿を受け取るのだが、意外とスピードを要される。

手際よくスムーズに受け取らなければ列が開き、後続の者に迷惑をかけるだけでなく置いて行かれる。広い食堂には同じような緑の服を着た人がたくさんいて、前を見失うと迷子に

なるのである。
　食事は皆が揃うまで始まらない、そこで迷子になると大変なことになる。周りから遅れを取らないように必死について行った。食事を摂る時間は短い。早く食べることも訓練のうちだという指導である。最初は一〇分くらいだったが、だんだんと短くなっていく。
　当初、出された食事を時間内に一つ残さずに完食しなければならないと思い込み、目を白黒しながら必死に完食していた。自衛隊の食事は男性を基準としており、しかも一般の成人男性の食事量よりも遙かにカロリーが高い。訓練で体を酷使している自衛隊の男性用のカロリーなのだ。
　途中で同期が残していることに気づき、残してもいいの？　と聞くと、全部食べてたの？　と反対に驚かれた。そうとわかると少し余裕が出たが、家で食べていた頃は、好きな物を後にして最後にゆっくりと食べることを楽しみにしていた。しかし、そんな食べ方をしていたら最後に食べる時間があるかわからない。

まずは好きな物から食べて、次に力になる物を選んで食べ、持ち帰れる物はポケットに入れて全部持ち帰って食べた。隣と話をしながら食べる余裕など全くない。時計を見ながらとにかく急いで食べる。食べたいが時間がない生活が続いた。制限時間の少し手前で食事を終わり、ゴミや食べ残しをひとまとめにし、食器を重ねて帰る準備をする。

終わると、皆でごちそうさまをする。食べた後の片付ける列もこれまたスピードを要された。どこに何を捨てて、どの食器をどこに返納すれば良いか、ボヤボヤしているわけには行かないのだ。食事は楽しみであったが、毎回、妙に緊張するのである。

徐々に生活に慣れてくると、昼と夕方の食事の後に売店に寄る時間を作れるようになった。それが唯一の楽しみであった。しかしそれも限られた時間内で手短に用事を済まさなければならない。

自衛隊の売店には、先の散髪屋さんの他にもクリーニング店や薬局、本屋さんなどもある。外では売っていない物もたくさん売っていた。自衛隊のお土産物は見ているだけでもとてもおもしろい。

その他に私物と呼ばれる官給品の他に自分で買って使う自衛隊グッズは様々な物があった。新隊員の訓練では、まだ私物は使わなかったが、何に使うのかわからなくても見ているだけでワクワクした。

しかし、レジに並ぶ時間も考慮して買い物をしなければいけないため、私達が目指すのはお菓子売り場である。お菓子売り場を目指して売店の中を走る。その他の売り場は横目で見ながら、いつかゆっくり買い物がしたいと思った。

基本動作の訓練

時間に厳しい生活にも少しずつ慣れてきた頃、この後に私達には大きな行事として入隊式というのが待っている。

入隊式は自衛官として認められ、意識を持たせるための儀式。偉い方や父兄も参加する。そのための訓練が始まった。

まずは基本の動作の気を付け・休め・敬礼などを習う。班長が動作を区切ってそれぞれのポイントを教えていく。その都度、班長は大きな声で号令をかける。教えてもらい、頭ではわかっているものの、それを自分が同じように真似ても班長のようにキビキビとかっこよくは行かない。班長の見本がとてもかっこよくてすごいなと憧れたものである。

指の先まで全身に気を配り、何度も何度も同じ動作を繰り返すと、よくわからない所が筋肉痛になった。バディーと向かい合い、二人でチェックしあう。何度も何度も練習するのである。

君が代も生まれて初めて習った。国歌を知らないというのはおかしなことだったのかもしれないが、学校では習ったことがなかった。私の住まいの地域の学校は、私学もふくめてそのほとんどが国歌・日の丸を嫌厭していた背景があり、珍しい地域だったと気づいたのは、つい最近のことである。

明けても暮れても入隊式の練習は続きそれを延々と指導して下さる班長も大変である。中には声を枯らす班長もいた。基本動作さえ当初は全くできなかったが、徐々にできるようになってきた。

そして区隊毎でも少しずつ全員が揃うようになってきた。最終的には新隊員全員が一斉に号令で揃わなければいけない。それをまとめる班長達は至難の業である。

ラッパの音色とホームシック

集団での生活もとても楽しかった。全国から集まった同期達と、地方の言葉を真似して遊んだ。私の部屋には北海道の人が二名、九州の人が三名、関東の人が一名、関西が一名であった。

実家から送られてくる荷物には地方のお菓子なども多かった。北海道のホワイトチョコレート・岩手の南部せんべい・九州のお菓子等が印象的で、毎晩、束の間の修学旅行のような雰囲気であった。

自衛隊の時間はラッパの音色が知らせてくれる。起床ラッパ・点呼ラッパ・食事ラッパ等。

まだ音色の違いはよくわからなかったが、ラッパという響きに自衛隊らしいと思ったものである。朝にはけたたましい起床ラッパで起きて、夕方になると国旗降下のラッパが鳴り、課業の終了の合図で一日が終わる。国旗掲揚・国旗降下の際には、国歌もしくはラッパ用の君が代の音色が流れる。

その間は、国旗が見える場所に居る時は国旗に向かって敬礼、見えない場所に居る時は不動の姿勢で、もちろん無言で動いてはいけない。国旗は通常駐屯地司令のいる庁舎に揚がる。朝と夕方、国旗の上げ下げがある度にその現象は起こる。国旗の方向に向き、走っている者も止まり、車両も止まり、電話の会話も止める。その数秒間は駐屯地内が静寂に包まれる。その不思議な時間が好きだった。

消灯ラッパにおいては、実家での生活では考えられないほど早く鳴る。実家であればドラマもこれからというような時間であるが、消灯ラッパと共に建物の電気は一斉に消される。もちろんテレビもない。消灯になると当直の当番の人の「おやすみなさい」の放送が入り、常夜灯だけが灯っているが薄暗い部屋となる。

消灯ラッパまでに就寝の準備をしなければいけない。全てを片付けて、パジャマに着替えて布団に入る。眠くなくとも寝なければいけないのだ。見回りが来るので話をすることも許されない。

疲れていて嫌でも寝てしまうのだが、消灯からしばらくすると静寂の中、各人のベッドからすすり泣きが聞こえる。皆、ホームシックにかかり布団の中で泣いているのである。昼間、楽しく話していても、夜になると実家の家族を思い出し涙する。

志は高いものの初めて親元を離れて一人で都会に出てきた若い娘達、当時はそのほとんどが高卒で、若干短大卒が混ざっている程度であった。慣れない生活環境と日々の厳しい訓練、苦しくても帰りたいとはいえない。布団を目深にかぶり、こっそりと泣く。誰が泣いているのかはすぐにわかるが、それを誰もいわず、そのすすり泣きの声に皆がもらい泣きし、泣き疲れて眠りにつくのである。

ちなみに私はといえば、全くホームシックにはかからず、東京という都会に来た喜びと親元を離れて独立したことに高揚していた。自由とまではいわないが一人前になったような気分であった。

きっと班長達は、新隊員がホームシックにかかることは毎度のことで、そんな心境をわかって下さっていたのであろう。区隊長がお父さん、区隊付きがお母さん、班長達がお姉さんのようで同期は姉妹、いつしかそんな温かな雰囲気にホームシックも薄れていく者が増えていった。私達はいつか班長達のような素敵な自衛官になれるよう入隊式に向けて、日々少しずつ成長して行くのである。

厳粛な入隊式

桜満開の中、入隊式当日を迎えた。基本教練と呼ばれる敬礼や休めなど連日にわたる練習の成果を発揮するときだ。私達新隊員は、まだ着こなしのイマイチな真新しい制服に身を包み、緊張した面持ちで挑む。基本教練はもちろんのこと、椅子からの起立や着席、入隊のために暗記した宣誓文の読み上げも一糸乱れぬように揃わなければならない。最初のころは、力みすぎて、起立の際にパイプ椅子をひっくり返したり、緊張しすぎて、起立しなくて良いところで立ってしまう者がいた。

講堂での私の位置は、もちろん一番最後の列である。乱れると反対に目立つ場所でもあった。前に並んでいる人で、前方は全く見えない。しかし五感を働かせ、耳を澄ますのである。何度も何度も繰り返した入隊式の練習。着隊して二週間ほどしか経っていないのに、練習した日々が懐かしく感じるほど、今までにない充実感を覚えていた。

一番最後の列にいても、講堂に響き渡る号令はとてもよく聞こえた。式の最中は、新隊員一〇〇名あまりと、自衛隊の偉い方や父兄もふくめ、大勢の人がいるにも関わらず、これほどまでに静寂になるのかと思うほど、厳粛な入隊式であった。

ＷＡＣの特徴の一つは、何かにつけ歌を歌うことであろうか。入隊式では、隊歌こと「婦人自衛官教育隊隊歌」を歌った。美しい女性の歌声が講堂を包む。これほどまでの人数の女性の自衛官が揃い、歌声を披露するのは、全自衛隊の中でも数少ない場面である。

無事に入隊式を終え、食堂での会食に移るまで、しばし家族と歓談する時間が設けられていた。皆、講堂や教育隊の前など思い思いの場所で、満開の桜をバックに家族と記念撮影をしている。

親元を離れ、三月の着隊からはほんの少しの期間ではあったが、自衛隊の制服に身を包み、一回り成長した我が子を見て、親たちの中には涙している人もいた。私のところは父が参加してくれて、とても嬉しそうに見えた。

会食場に移動すると、父はとても慣れた手つきで配膳を受け取る。食後もいち早く食器を揃え、他の父兄よりも食べる時間も早く余裕の表情。そうか、父は私よりも遥かに自衛隊生活が長い大先輩なのだと改めて感じた。

班長たちの〝豹変〟

家族とのふれ合いの時間は、あっという間に過ぎ、制服を脱ぎ、すぐにいつもの生活へと戻ろうとしていた。短靴（たんか）と呼ばれる、当時のWACの制服用のパンプスを入隊式で初めて履いた。真新しい革靴でできた靴擦れだけが、入隊式を終えたことを物語っている。

しかし、予想したような元通りの生活は戻らなかった。突然、班長達の態度が一変したのである。「お前ら、何やってんだーー‼」大声が響き渡る。日頃から号令で慣らした迫力のある大音声である。着隊から、姉のようにとても優しかった班長達から「鬼班長」へのスイッチが入った瞬間であった。

班長の中には、サッパリ系の少しボーイッシュな班長や、お人形のように美しい班長がいた。ボーイッシュな班長については、あまりイメージは変わらなかったが、問題はお人形のような美しい班長である。「あんた達ぃ！　何やってんのよ‼」あの綺麗な人が、ここまで変わるか？　美人なだけに冷酷な悪の女王様のように見える。唖然とするほど、まさに「豹変」であった。

さっきまでの優しい班長はどこへ？　入隊式までの私達はいわば、着隊しただけの「お客様」であり、自衛隊員になる宣誓をし、入隊式をへた現在は、名実共に新入「隊員」なのだ。自衛官として扱ってもらっていると考えれば嬉しいことではあるが、そのときの私は何が起こったのか全くわからず、凍り付いて固まったようになった。

この豹変は、婦人自衛官教育隊に限らず、自衛隊における教育隊では一般的に行なわれていることらしいと知ったのは、後々のことである。対応に急激な変化を付けることにより、気持ちを一気に引き締めさせ、自衛官として切り替えさせる教育の一環。自衛官として認められた後に乗り越える儀式のようなものであった。

この日の夜は、親たちと再びわかれた寂しさと、班長達の豹変に衝撃を受け、就寝後の同期の夜泣きは多く、いつまでも布団の中からすすり泣きが聞こえていた。私もやっぱり辞めて帰ろうかしらと思った二度目の出来事であった。

訓練開始

入隊式を終えた翌日から、本格的な訓練が始まった。

まずは銃の貸与式である。自分専用の銃を貸し出される。重さが四・三キロある本物の銃を受け取るのである。一人一人に区隊長が銃それぞれの個別番号を読み上げて手渡す。銃を受け取り、続いて私もその番号を確認し大きな声で読み上げる。もちろん銃弾など入っていないが、本物の銃というだけで恐ろしく、とても緊張した。

銃はかなり重かった。その当時の私の体重は四〇キロもなかった。男性も女性も同じ重さの銃である。落とさないように気を引き締める。区隊長の近くに寄りなさいと指導を受けていたが、緊張のあまり腰がひけてしまった。

自分用の銃を受け取るなど、普通のOLにはありえないことである。銃の重さとともに、それを使う仕事だという重みを感じた瞬間であった。

その後は、銃を使った「基本教練」を習い始める。銃を持っている時の敬礼や、銃を使った最敬礼。銃を持って歩き出す際の動作、歩き終わった際の動作。それぞれに細かい動作が決まっている。腕の角度は何度であるとか、指の位置は、どこどこから何本の位置に添えるなど、細部にわたって気配りをし、何度も何度も練習するのである。

班長のキビキビとした見本には見とれることばかりであった。私はというと、重い銃に苦戦した。まだまだ筋力も備わっておらず、体力には自身があったものの、そこかしこが筋肉痛であった。

教育期間中、強く思い出に残ったことは、神奈川県・武山駐屯地で行なわれた、婦人自衛官教育隊の上級部隊にあたる第一教育団の創立記念日の式典に参加した時だ。初めての他駐

お出かけ
ハンチョー
ハンチョー
チョー
班長言うな!!

屯地への大型バスでの移動に、遠足のような気分になった。

武山駐屯地に着き、バスから降りると、屋台が出ており縁日のようであった。一番驚いたことは、記念日のアトラクションであろうか、櫓の上で婦人自衛官がマイクで歌を歌っていたことである。それも隊歌のような堅い歌ではない。当時流行っていた女性アイドルの曲の替え歌で、歌詞の中の「ワクワクさせてよ」の部分を「WAC・WACさせてよ」と、かなりはじけて歌っているのである。櫓の周りには、若い男子自衛官が集まり、声援を送っている。

日頃、教育隊で見ている班長達のまじめな姿とのあまりのギャップに、こういうタイプのWACもいるのかと新たなカルチャーショックを受けた。

式典の集合までしばらく時間があったため、屋台での買い物が許された。何か食べようと思ったが、既にどこの屋台も売り切れ続出状態。ようやくまだ商品が多く残っている屋台を見つけ、同期と数名でその串焼きを買う。鶏のささみの塩焼きのようなその串焼きを、みんなで美味しく頬張っているその時、売り子の隊員のお兄さんがニヤリと放った一言に全員が凍り付いた……。

「それ、カエルだよ」。よくみると、蛙の串焼きの隣には、蛇の串焼きも売られている。頬張っていた蛙の肉を飲み込むこともできず、半開きにしたままの口から悲鳴とも嗚咽ともつかない声を漏らしている私達に、売り子の隊員はお腹を抱えて笑っている。これが自衛隊の売店かと、ショックを受けると同時に、妙に納得もした（現在は、衛生管理が厳しく、このような屋台は見かけられない)。

式典は屋外で行なわれ、WACの新隊員も制服で参列した。その後、式典に華を添えるため、ポンポンを持って踊りを披露した。当時流行っていた男性アイドルグループの曲に合わせて総勢一〇〇名余りの新隊員全員が踊るのである。これも仕事のうちなのかと少し驚いたが、日頃の体力錬成の訓練よりも、楽しかった。

この時ばかりは、身幹順と呼ばれる背の高い人が前の並び方ではなく、背の低い者が前列であった。当然私は最前列で踊った。緊張し一番目立つところで踊りを間違い、その後は真っ白になってしまったことを思い出す。

後で考えれば、記念行事のアトラクションの一環であったが、新隊員への気分転換の意味合いもあったのではないだろうか。

体力面、精神面全てにおいて、教育隊では常に管理されており、隊員個々の状況を把握し、事細かに対応しているのである。一般の会社でも、新入社員の教育をする所はあるだろうが、何ヵ月も二四時間体制で教育をしているのは、自衛隊以外には少ないだろうと思う。教育隊の要員は、大変な仕事であると尊敬する。

外出だ、いざ娑婆へ!

日々の訓練にも少しずつ慣れ、GWを控えたある週末。初めての外出が許された。それまでの約一ヵ月間は、駐屯地の外には出られなかったのである。世間から隔離されたような生活ではあったが、衣・食・住全てにおいて特に不便はなく、日々の消耗品や簡易な物は売店で買える。

テレビもなく娯楽というほどの物はなかったが、時間に追われた生活の中で、同期がいたため毎日それなりに楽しかった。それでも、初めて外出ができることに、皆、とても喜んだ。

自衛隊の中での生活場所を「営内（えいない）」と呼び、外の世界のことを「娑婆（しゃば）」と呼んだ。久々の娑婆なのだ。外出といっても教育の一環であり、班長が同行してまとまって外出する「引率外出」であった。外出の手続きの方法、駐屯地内の経路、営門と呼ばれる駐屯地の門での作法などを、事細かに教えてもらうのである。

当日の朝は、営内はお祭り騒ぎであった。いつもの青ジャージを脱ぎ捨てて、一気に普通の女の子モードに戻る。軽くお化粧をする子、ドライヤーを使う子、どの洋服が良いか悩む子、アクセサリーを着ける子。日焼けした顔に、持ってきたファンデーションの色が合わず、バカ殿のように白浮きしている子もいる。短い髪型と日焼けした顔に精一杯のおしゃれをした。そして教育隊の建物前では、記念写真を撮りあった。

色とりどりの洋服を着た女性自衛官が、一斉に営門を目指す。営門の近くまで来ると、一列に並び、班長に続く。班長の号令で、警衛隊と呼ばれる警備の長に敬礼をする。そこで、できたてホカホカの身分証明書などを提示し、点検を受け、やっと外に出られるのである。一歩、駐屯地を出るやいなや、「娑婆だ！」「空気が違う」などと皆で笑いあった。

駐屯地の外では、班長のことを班長と呼ばないようにといわれていたが、班長でなければ何と呼べば良いのか分からず困った。わざと大きな声で「班長」と呼び、「班長というな」と返されると、面白がってますます大きな声で「班長！」「班長というな！」「班長‼」……。一般の人に自衛官だとわかるのが班長は恥ずかしかったのであろう。同期同士も、階級での〇〇二士という呼び方を、わざと大きな声で発したり、自衛官としての初めてのお出掛けに大いにはしゃいだ。

駐屯地の近くでは、いつもの光景であったろう。どれだけ一般人のようにしていても、短い髪型で、日焼けしたうら若い女性の奇妙な集団は、一見して自衛官だとわかったと思う。

朝霞駐屯地から最寄りの駅までは、結構な距離があった。班長と一緒に住宅街を抜け、近道を教わる。最寄りの駅では、都会の電車の乗り方などを習い、班長には付いてくるなといわれ、皆、思い思いの場所へと繰り出した。

私達の班は、都会出身の子を除き、そのほとんどが田舎から出てきた者だったため、せっかくだからとディズニーランドに行くことにした。

私の育った地域には地下鉄があったが、地下鉄に乗ったことがない者も多く、地下鉄だけで都会を感じた。電車の乗り継ぎも、今のように携帯などない時代、旅行雑誌を買い込み、事前に調べ計画を立てた。

華やかなディズニーの世界を楽しみつつ、お土産の買い物に夢中になり、自衛隊内の売店では売っていないソフトクリームに幸せを感じた。門限は、夜の八時頃であったろうか。わずかな時間しかなかったが、東京を満喫し大満足であった。今から考えれば、ディズニーランドは東京ではなく千葉であった。

私達は日頃から、五分前行動というのを躾けられていた。何事をするに当たっても、五分前には整っているように早めに行動するのである。例えば、集合時間が一〇時と指定された場合には、九時五五分には皆が揃うように心がける。

五五分に揃うためには、更にその前に移動しなければいけないため、五分前行動の五分前には、最低でも行動に移すのである。外出においても、帰ってからの着替えや荷物整理などがあるため、ほとんどの者が時間に余裕を持って早くに帰ってきた。

当時はどこの教育隊でも、外出の後に帰ってこない隊員がいたという。しかし私達は誰一人減ることもなく、初めての外出を終えたのであった。

第2章 日増しに厳しくなる訓練

体力検定に向けて

日々の訓練は、どんどん本格的になっていく。体力錬成、基本教練、銃の分解結合、射撃予習、戦闘訓練等々。

体力錬成においては、単に走るだけでなく、筋トレもふくみ、全ての諸動作および訓練において必要な筋力と持久力・精神力を養うのである。

新隊員の体力錬成では、いわゆるスパルタ訓練・しごきなどはない。楽しくゲームのような感覚で、同期と競わせたり、日々のちょっとした合間に少しずつ、体力を付ける内容が盛り込まれていたのである。

後に「体力検定」という、個人の体力の段階評価の検定を受けることとなる。当時は何も

知らなかったが、その体力検定は、個人の評価の一つとなり、年齢等を考慮された、ある一定の基準を満たさなければ、昇任等にも影響してくるのであった。

その当時のWACの体力検定種目は、五〇メートル走、一〇〇メートル走、斜め懸垂、幅跳び、ハンドボール投げ。男性の種目とWAC用の種目では、内容が異なった。男性は走る距離も長く、斜め懸垂ではなく、普通の懸垂で、ハンドボールではなく、ソフトボール投げである。加えて、五〇メートルの土嚢（どのう）運搬という、五〇キロくらいの砂袋を運ぶ種目があるのであった。年齢により、昔は競歩もあったようである。現在は、男女同じ種目であるが、基準ラインが異なり、年齢により種目が違う。

ハンドボール投げの自主練習

さすが自衛隊に入隊する女性は、あまりに酷い運動音痴はいなかった。ほとんどの者が、体育会系のクラブで鳴らした者が多かった。中には、警察官を目指したが、警察は不合格で、滑り止めで受けた自衛隊に合格したので、こちらに来たという者もいた。

私は、走ったり飛んだりすることは得意であったが、球技類は不得意であった。特にハンドボール投げに苦労した。総合評価のため、その他の点数が良くても、点数の低い種目があると、全体の判定に響くのである。

ボール投げが元々不得意な上、ハンドボールが大きすぎて摑めなかった私は、上から普通に投げることができず、砲丸投げのようにしか投げられなかった。

当然、飛距離は一〇メートル余り。同期が軽々と二〇メートルほど投げているのに、なぜ私はこんなに下手なのだろうと、フォームの問題だと思い込み、自主練習をすることにした。根本的に、同期は皆、ハンドボールを掴むことができているとは、まったく気づかなかったのである。

自主練習といっても、訓練時以外には、ハンドボールを勝手に使うことはできない。限られた時間の中で、どうすれば練習できるのか考えた。朝や夕方の課業時間外には、間稽古と呼ばれる時間があった。

食事の後、各区隊に割り当てられた隊舎前のスペースを使い、内容は短時間の体力錬成や教練など、その日により区隊ごと様々である。その後、洗濯や入浴、靴磨きやアイロンを決められた時間内で終わらせ、夜は、教場で勉強や銃の分解結合の練習、武器の手入れなどをし、就寝までずっと厳しい時間管理が続く。

その時間の中で個人でハンドボール投げの練習をすることは難しかった。しかし新隊員の人数が多いため、隊舎前のスペースを全区隊に割り当てることができず、たまに間稽古のできない日もあった。

その際に、よその区隊がハンドボール投げの練習をしているのを見つけては、一緒にやらせて下さいとまぜてもらった。他の班長にも指導をいただき、数をこなしたことから、おかげ様で最終的にはなんとか体力検定の級を上げることができた。

人知れず参加させてもらっていたよその区隊の間稽古。それらは全て、私の区隊に報告されていた。最後に班長から、努力した者として褒められ驚いた。高い志もなく、いつも最後尾で、体格的にも人より劣った私が、新隊員の教育期間で褒められた唯一のことかもしれない。

銃の分解結合

次には銃の分解結合を教わる。あの大きな銃をバラバラにして、再び正しく組み立てるのである。それができないと、手入れもできないのだ。有事の際に、不具合が出た場合、その場で自分で故障を排除できるようにするためとも聞いたが、私にはそんなの無理だと思った。六四式小銃には、銃の中に「工具」と呼ばれる分解結合に必要な道具が入っている。それを使って分解して結合する時間をそれぞれ計る。手際よくできるようになるために、何度も練習するのである。結合できていないと、射撃の本番の時に大事故に繋がる。

しかし、時間に追われて慌てると、部品を床に落とすことが多々あった。その時は、連帯責任で、皆で腕立て伏せをしなければいけない。皆に迷惑をかけないように、しかも早く終わらせる。

六四式小銃の部品には、とても小さい物もあり、無くしてしまう者もいる。そんな時は大騒ぎである。見つかるまで徹底的に探すのである。日が暮れるまで、探し歩いた時もあった。

分解・結合ともに、一定の時間が定められている。単に時間内に終えるだけでなく、部品を右から順に綺麗に並べ、部品の名称を暗唱できなければならない。これも試験の一つであった。最終的には、全員が合格した。

泥まみれの戦闘訓練

これに続いて、戦闘訓練と射撃等が始まった。

当時、戦闘服と呼ばれる作業服には、女子用の戦闘服があった。男子用と比べるとポケットは少なく、体のラインが出るタイトな作りであった。部隊に配属されてからは、男子用の戦闘服を使用する者が多かったが、新隊員は女子用しか交付されておらず、全ての訓練を女子用の戦闘服で行なう。

戦闘訓練とは、戦闘間における基本的な動作を身につける訓練である。一般的に有名なのは、匍匐前進（ほふくぜんしん）であろうか。匍匐前進においても、男性とは少し違う。匍匐には、第一匍匐から第五匍匐まで段階があるが、女性は第二匍匐からしか練習しない。なぜなら、第一匍匐、即ち伸ばした左手で上半身の体重を支えながら前進する匍匐は、特に腕の力が必要となるため、非力なＷＡＣには難しいとの判断であった。

戦闘訓練は朝霞訓練場で行なう。朝霞の訓練場は、陸自中央観閲式の会場で有名である。この東京と埼玉県の境に、こんなにも広大な緑地帯があるのかと思うほど広い。戦闘訓練場、射場、自動車教習場等から成る朝霞駐屯地に隣接した土地である。

訓練では先ず各個の基本動作を習得し、次に組～班での行動となっていく。最初は、銃を持たずに練習する。「その場に伏せ！」と班長の号令がかかると、一斉に皆が伏せる。伏せの動作についても一つ一つ決まりがあった。私はどうしても伏せが上手くできず、何度やってもカエルがつぶれたようだと班長に笑われた。

その頃は、どこをどうすれば、カエルでなくなるのか自分ではわからなかったが、繰り返しポイントを確認し、後は何度も反復して感覚として体得して行くしかなかった。

伏せた後、前方を確認し、班長の号令で、堆土（たいど＝遮蔽物として作られた訓練用の盛り土）を目指し、低い姿勢で素早く駆け抜けるのである。堆土の次は、丸太など、様々な隠蔽物が待ち構えている。寝そべって、走って走って泥まみれ、汗だらけになって、そんなことの繰り返し。

時には、雨上がりの水溜まりの中で行なうこともあった。まずは班長が見本として、水溜まりに躊躇無く飛び込む。私達新隊員は、班長は凄い、カッコイイと思った。班長に続き、皆が順番に水溜まりに入っていく。水溜まりに入る度に、小さな声で「キャッ」とか「うわぁ」とか、あちこちから聞こえてくる。その度に班長は苦笑していた。

二着しか支給されていない戦闘服の洗濯を心配したものである。今までの生活では考えられないことであったが、それがカッコイイと思えるようになってきている自分に気付いた瞬間であり、自衛官らしくなってきたのかもしれない。普通のＯＬでは経験できないことであ

った。

班長の〝ムチ〟

ある日、戦闘訓練をしていると、看護学生がマイクロバスに乗って見学に来た。同じくらいの年頃の女の子であり、同じく自衛官であるのに、この人達は、なぜ見学に来たのだろう？　そんなに珍しいのであろうか？　と不思議に思った。

後に知ったのだが、看護師は銃を持たない。従って戦闘訓練もない。身分は同じ自衛官であっても、職域により、こんな違いがあるのかと思ったものである。

堆土を超えて、丸太を通過すると、塹壕（ざんごう）と呼ばれる、大きな溝がある。そこでは銃剣を銃に着剣し、突撃の準備を整えるのである。

塹壕を飛び出し、第二匍匐から始まり、第五匍匐まで終えると、最後は銃剣による突撃だ。スタートから、全長二〇〇メートルほどはあろうか、最後まで行くとヘロヘロになる。武器等の異常の有無を点検し、元のスタート位置に戻り、それを何度も繰り返す。傍から見れば「ごっこ」ではあるが、有事に備えての訓練であり、皆、真剣に練習するのである。

ある時、堆土からの出方の練習をしていた時、あまりに下手な私に班長のムチが入った。「違うだろーー!」と、ライナーと呼ばれるヘルメットの上から頭を踏みつけられた。顔は土まみれになりながら、半泣きで続けた。それを、二〇年ほど経った後、笑い話として班長にいうと、「そんなことするわけがないだろう」と笑っていた。いや、班長、あの時、ほんとうに思いっきり頭を踏まれましたよ。

射撃予習で傷だらけ

まずは射撃予習(実弾射撃ではなく、姿勢や照準・タイミングなどを練習すること)である。来る日も来る日も射撃予習に明け暮れる。

私が一番苦労したのは、寝撃ちと呼ばれる射撃の姿勢であった。寝撃ちとは、地面に伏せて撃つ射撃姿勢である。左肘を着いて下から銃を支え、右手で銃の握把(「あくは」:ピストル型の握る部分)を体に引き寄せ、右肩の付け根に銃の床尾(「しょうび」:一番後ろの部分)を固定する。

しかし、私は体格が小さかったため、腕の長さに比べ銃が長すぎた。そのため、一般的な射撃姿勢は難しい。つぶれたような姿勢になり、頭を起こして、照準することは、とても辛い姿勢であった。

さらに、ここに鉄帽（通常使用しているプラスチックのヘルメットの上に被せるいわゆる鉄兜）が、男性用のサイズであり、大きすぎるという問題も加わる。鉄帽が前方にずり落ちて、視界を遮ってしまうのである。

そのため銃の中心線よりも左に体の角度を、通常より大きく取って補うしかなかった。しかし、左に角度を取ると、右肩の固定が外れるのである。

体格の良い同期はどんどん上達していくのに対し、私は姿勢だけで遅れをとっていた。全く安定せず、銃を支えることにさえ息が切れる有様であった。このまま実射になればどうなることか、体が受ける衝撃は想像もできないほどである。

どうしたら良いのだろうと思っていた時、班長が気づいて下さり「右肩は気にしなくて良い、外れるのであれば腕に引き寄せ固定せよ」と指導を受けた。これでやっと姿勢が安定した。

小さな体格の者は私だけではない。同期の中にも今までの先輩にもいたのであろう。教範には載っていない、女性自衛官特有の特別な指導法であった。さすが長年、女性自衛官を育てている専門機関である。女性自衛官の特性に応じた教育マニュアルがあるのだろう。

当時の婦人自衛官教育隊の射撃予習の場所は、隊舎の前庭であったが、芝生ではなく、小さな砂利の上であった。ゴザを敷いて姿勢を取る。もちろん長袖の戦闘服と呼ばれる緑の服装であるが、服の上からでも、肘は擦り傷だらけであった。

それをどうにかするために考えたのが、バレーボール用のサポーターであった。すでに自衛隊内の売店では売り切れており、休みの日にスポーツ店を探して、最終的には池袋まで出て買ってきた。

池袋のデパートで、スポーツ用品の売場を聞く女性の集団。やたらと日焼けし、体のあちらこちらに戦闘訓練で出来た青アザが必ずあり、肘は擦り傷だらけの女性を、一般社会で探そうとしても、そうそう見つけることはできないだろう。この人達は何者だろうと思われていたと思う。

こうして、サポーターを重ねた最強のアイテムを身につけ、射撃予習に挑んだ。これで痛くないぞ。私達は少しずつ知恵を付けていったのである。

手榴弾の投擲訓練と催涙ガス体験

訓練もたけなわの頃、手榴弾の投擲訓練があった。持つ角度を確認し、安全ピンを引いたら直ちに遠くに投げて伏せる。体力検定のために練習していた、あのハンドボール投げは、このために役に立つのかと思った。カエルがつぶれたようだと笑われて何度も練習した「伏せ」の動作も、この時に大いに発揮される。

班長からの事前説明では、投擲訓練で亡くなった人の話などを聞かされ、皆、緊張でガチガチであった。特に私は、遠くに投げられるだろうかととても心配で、もし投げられず近くで爆発したらどうしようと泣きそうな気分であった。

そんな中、投擲訓練の本番の日がやって来た。一列ずつ、数人が同時に投げる。待機の同期の列は、はるか後方である。

班長の合図と共に、安全ピンを勢いよく引き抜いて、渾身の力を込めて遠くに投げ、そして瞬時に伏せた。ほんの少し間があって、ポンッと手榴弾は鳴った。えっ？　ポンッって？今のが爆発だろうか？　可愛い音で鳴いたのである。あまりのことに驚くと同時に、安堵して崩れそうになった。

実は、この時の手榴弾は爆薬は入っておらず、中で爆竹程度の火薬が弾けるだけの模擬手榴弾であった。本気で訓練させるために、模擬手榴弾の威力は説明しなかったのであろう。

その他には催涙ガスの体験もした。まずはガスマスクの訓練である。「ガス！」という合図とともに、肩から掛けているガスマスクの袋から、マスクを手早く取り出し、着用する。そして被った後、気密点検をする。

合図がかかってから、息を止めて六秒以内で点検まで終了する早業である。事前に後部のゴムバンドの長さを調整して、自分の頭にピッタリくるように合わせておく。慣れるまでは、なかなか六秒内には終われない。

最初は、ガスマスクを被った同期のその摩訶不思議な風貌に笑い合った。誰が誰かさえ判別が付かない。

ガスマスクを着けたまま笑うと、とても息苦しい。これを被って戦闘行動するとなるとかなり辛いであろうと思った。

「ガスなし！」の合図で初めて、ガスマスクを脱ぐ。

蒸れ蒸れのガスマスクを脱ぐと、汗だらけの顔と、グチャグチャになった髪の毛。それがまたおかしくて、笑うのである。そしてもちろん班長に怒られるのであった。お箸が転がっても笑える年頃であった。

催涙ガスの体験は、テントの中に催涙ガスを充満させ、ガスマスクを着けた状態で、その中に入る。

上手く被っているつもりでも、隙間があり、皆、あっという間に涙が流れ出す。終わった後に涙を拭おうと、目をこすると余計にガスが染みた。

強烈！ 自衛隊体操

自衛隊といえば、まずは匍匐（ほふく）前進というイメージが強いが、匍匐前進は、戦闘訓練の時にしか用いず、正直なところ、余り普段に発揮する機会はない。それよりも、自衛隊体操と呼ばれる体操が、なかなか強烈なのである。

自衛隊体操は、毎朝の朝礼前に音楽が流れ、自衛隊員が部隊ごとに行なう体操である。朝の清々しい太陽を浴び、一日の始まりに行なわれるこの体操は、一般のラジオ体操のように体力向上と健康の保持や増進を目的とした体操とは一味違い、それに加え自衛官の基礎体力の向上を目的に発案された体操である。

職務を遂行するための体操であり、限界近くまで体の各部位を動かすことにより、筋力増強や柔軟体操として効果を発揮する。

節度をしっかりとつけ、全て大きな動きで、腿を上げて、勢いよく体操しなければいけない。手の先まで神経を遣い、それぞれの動作のポイントである角度なども頭に入れて行なう。リズミカルなピアノ伴奏は、ラジオ体操と同じであるが、求める物が違うため、真剣にやると息が上がり、かなりきつい体操である。自衛隊体操のための準備運動が必要なくらいの体操であった。毎朝の体操であるため、日によっては制服を着ている時もある。

しかし制服姿であっても自衛隊体操は自衛隊体操だ。ヒールのまま飛べーー！　スカートのまま力一杯足を蹴り上げろーー！　なのである。

帽子は脱いで行なうが、制服のボタンが弾けないか、ヒールが脱げて飛んでいかないかヒヤヒヤしながらの究極のエクササイズが毎朝普通に行なわれるのである。これを何十年も毎朝続けている先輩方はすごいと思った。

その自衛隊体操を一区切りごと、細かに班長は教えて下さる。徐々に覚えて、やっと一通りできる頃には卒業となるのである。

士気を高めよ

教育も中盤にさしかかると、区隊の団結と士気を高めるために、様々な区隊対抗の競技会が催された。

区隊対抗のリレーやドッジボール大会などは、その例である。ドッジボール大会と聞けば、楽しそうに思うだろう、しかし、本人達は真剣である。

女の子の集団が可愛くドッジボールをするのではなく、日頃、鍛えられた肉体の精強な女子の集団が、区隊長のメンツをかけて戦うため、ものすごい迫力のある恐ろしいドッジボール大会である。

メンバーは逐次入れ替わるが、応援の者も必死だ。勝った時も負けた時も涙を流した。負けてくると、班長の顔色が変わり怒りだすのである。勝った時は良いが、負けたときには大変であった。班長の機嫌はすこぶる悪く、その後の全てに影響した。

次こそは必ず勝ちたい！小さな大会であっても、皆で事前に作戦を練り、少しでも勝利に近づこうと努力したのである。班長の機嫌の悪い態度は、皆を団結させ、勝負に真剣にならせるための教育の一環だったのだと後になって気付いた。

偶然勝つことはあっても、偶然負けることはない。負けるにはそれなりに理由があり、それを分析して次に生かす。それが重要であった。

はっ
自衛隊体操
班長…

GWの帰郷

GWは、私達にとって初めての外泊となった。GW期間は、婦人自衛官教育隊の隊舎には宿泊できないとのこと。班長達にとっては、二四時間態勢の新隊員の面倒から解放されてリフレッシュする時間であったろう。ほとんどの者が親元に帰った。

私も東京のお土産を買い込んで、新幹線で、久々の帰郷。東京銘菓の「ひよこ」というお菓子を買って帰ると、ひよこは九州の銘菓であると笑われた。東京のひよこと九州のひよこが一緒かどうかは、今もわからないが、東京のお土産店で、ひよこを見かける度に、当時を思い出す。

自衛官になった娘は、親の目にどう映ったのであろう。実家では、母が私の好物を沢山作ってくれた。地元の友人とも久々に遊んだ。

馴染みのカットショップに顔を出すと、私の見事なまでの刈り上げ姿に唖然とされた。入隊するまでは、とてもおしゃれが好きで、髪型にもこだわっていたのに、恐ろしいほどの刈り上げスタイル。そこで、短かったらいいのよねと、自衛隊の散髪屋さんでの刈り上げをもっとおしゃれにしようということになった。

面白がって、左半分を天辺近くまで五分刈りし、右半分はそのままの長さで、右の前髪だけを斜めにカットしてみた。漫画のブラックジャックのような、当時流行っていたチェッカーズのような、とてもおしゃれで斬新な髪型になり満足し、そのまま、あっという間にGWを終えた。

GW明けに、班長達には髪型を指導されることはなかった。今から考えれば、とんでもない新隊員である。自衛官の「品位を保つ義務」に抵触しかねない髪型であった。それでも短いことは、教育隊においては必須であるため、文句をいわれなかったのであろうと思われる。

自衛官には、六大義務というものが、自衛隊法の中で定められている。「指定場所に居住する義務」「職務遂行の義務」「上官の命令に服従する義務」「品位を保つ義務」「秘密を守る義務」「職務に専念する義務」。

それに加えて、婦人自衛官教育隊には「清く」「明るく」「麗しく」という教育方針があった。なんとも宝塚のような教育方針である。教育隊方針は、額に入れられ、各教場などに掲示されていた。私の髪型は、どう考えても麗しい髪型ともいえなかった。

第3章 日々の生活

隊舎に吹き荒れる台風

日々の忙しい生活リズムにもいつしか慣れて、同期との共同生活も楽しかった。緊張していた入隊当初よりも、少し余裕が出て、手抜きが始まるのもこの時期であった。

靴磨きをする時間がなくても、素早くホコリを落とし、軽く靴墨を馴染ませると、靴を磨いたように見える。半長靴（はんちょうか）と呼ばれる昔の編み上げブーツは、赤茶色の靴墨で磨く。きちんと磨いていないと、座った際などに作業服に靴墨が着き、おしりが「おさるのおしり」になるのである。

班長は、そんな私達の手抜きを見逃さない。ある日、皆の前に立たされ、おさるのおしりを披露させられた。私は気付いておらず、かなり恥ずかしかったことを思い出す。さすが班長だと思ったその一であった。

次に、ベッドメイクもそろそろ手抜きが出てきた。シーツを綺麗に張り、その上から毛布でくるみ、ベッド全体を美しい形に仕上げる（これを「延べ床」という）。

忙しい朝はベッドから抜け出した後、中のシーツをグチャグチャのまま毛布でくるんだ。ある日、班長に毛布をめくられ、中のシーツを発見された。「すぐにわかるんだよ」とニヤリ。班長は何もかもお見通しだったのだ。さすが班長だと思ったその二であった。

出掛ける際には全てのロッカーに鍵をかけなければいけない。時折、入れ忘れた物があると、布団の中に隠して訓練に参加していた。

ある日、隣のベッドの子が熱を出した。班長は寒がるその子に、私の布団も使った。班長がふとんを広げると、ガラガラと中からお菓子・鍵・歯磨きセットなど、出るわ出るわ。「何だコレは～!!」と、あきれる班長。野生の嗅覚か？　いや女性の直感なのだろう、さすが班長だと思ったその三であった。

その頃から、気を引き締めるために班長らによる「台風」と呼ばれる抜き打ち点検が始まった。名前のごとく、台風が通った後のように、指導された箇所が部屋の中で散乱しているのである。最初は何が起こっているのかわからなかった。部屋に入ると布団は落ちていて、ベッドの毛布は剥がされて、茶器棚からはお菓子が投げられている。部屋の中は見事にメチャクチャな状態。

その後、班長に集められ、こっぴどく怒られたのは当然のことである。その後も度々、台風はやってきた。その度に、班長はここぞとばかりに大暴れしてストレス発散していたようにも思う。

私の班長は、一班長で、班長の中でもベテランの一番上の班長であった。指導のポイントを心得ておられ、新隊員がそろそろ気が抜ける時期だということも全てわかっていたのであろう。それ以来、私は手抜きをしないようになった。

いつしか、私も班長のような自衛官になりたいなと思うようになったのである。

ご褒美はアイス☆

皆、時間があれば個々にお菓子を食べていた気がする。日々の訓練で自然と体は絞られダイエットなど考えなくても良い。ただ「腹が減っては戦はできぬ」ではないが、食べても食べてもお腹がすく年頃であった。

私は特に隊舎横にあったアイスクリームの自販機に夢中になっていた。田舎には、アイスクリームの自動販売機などなかった時代。それだけで都会を満喫した気分であった。当時は、まだ携帯電話もなく、アイスクリームの自動販売機の隣には電話ＢＯＸがズラリと並んでおり、夜になると、電話をかける者が長蛇の列を作るのである。その中をかき分け、私は一目散にアイスクリームの自動販売機に走る、それが一日のご褒美であり最高の楽しみであった。

その他にも、訓練を頑張った日や、区隊対抗の競技会で良い成績を収めた日には、夕方近くになると、教場の裏庭の木陰に区隊全員集められる。すると、区隊長が全員にアイスクリームをご馳走して下さるのである。それが至福の楽しみであった。

今日は頑張ったから、もしかしたらと期待して、そんな日は、いつもみんなソワソワしていた。

一番若い班長が買い出し係りである。売店から婦人自衛官教育隊までは、ぼちぼち距離があった。全員分のアイスクリームが入ったナイロン袋を下げて、班長が急いで帰ってくると歓声が上がる。芝生に腰を下ろし、束の間の夕涼み。ドロドロの戦闘服に身を包んではいるものの、みんな笑顔で普通の女の子に戻る瞬間であった。

誰もいない静かな裏庭で、他の区隊の目につかないように、皆でアイスクリームをほおばった。営内には冷蔵庫がなかったため、アイスクリームはご馳走である。火照った体に染みいるような冷たいアイスクリーム。

区隊長がお母さん、区隊付がお父さん、班長達はお姉さんのような、アットホームな区隊だった。区隊長は、班長達より年配の女性で、とても優しかった。

いつしか皆のホームシックが薄れていったのは、区隊長以下のこんな優しい心のケアがあったからだと思う。

私はこの区隊で良かったなと思う。アイスクリームを食べた後は、決まって、隊歌を歌った。夕方の隊舎の芝生に、女性自衛官の美しい歌声が響いた。その光景が、つい先日のことのように脳裏に蘇る。

今頃、ホームシックですか？

ある日の週末、父が田舎から用事で出てきた。駐屯地の近くの駅で待ち合わせをして、久しぶりに父に会った。帰り際、父は都会のおしゃれなケーキ屋さんで班の同期全員分のケーキを買ってくれた。ケーキ屋さんを出るときに、私は手を滑らし、箱ごと真っ逆さまにケーキを落とした。スローモーションのようにケーキの箱は、落ちていった。お店の人も父も唖然としていた。

父とは何を話したかは覚えていない。駐屯地の側まで送ってきてくれて、門の前で笑って手を振って別れた。

もう日が暮れていた駐屯地。婦人自衛官教育隊までの道のりは遠かった。父は用事で東京に来たといっていたが、駐屯地の近くになど用事はなかったはずである。わざわざ会いに来てくれたんだとその時に気付いた。

父に買ってもらったケーキ、落としてしまったけど、無口な父からの精一杯のエールであった。いつもだったら、家で一緒にご飯を食べている時間だ。さっきまで隣にいたのに、父と別れてやっと親のありがたさを感じた。お父さんありがとう。暗い駐屯地の道を、泣きながらトボトボと歩いた。お父さん、お母さん……。

やっと婦人自衛官隊舎の明かりが見えた時、入り口のドアで、班の同期が全員待ってくれていた。きっとシロハト桜は泣いて帰ってくるだろうからと、皆で待つことにしたらしい。温かい同期の「おかえり」の言葉に、私は玄関で大泣きした。

皆が、最初にホームシックにかかっていた頃、私は一人余裕だった。しかし、今頃になって急に寂しくなったのである。皆には、そうなるだろうとわかっていたのであった。

誰もが経験したホームシック。寂しかったが、優しい同期に迎えられ、私は明日からも頑張ろうと思った。父の買ってくれたケーキは、グチャグチャになっていたが、皆は口々に美味しいといって、一緒に泣きながら食べたことが忘れられない思い出である。

清掃もしっかりと

自衛隊に入り、日常の営内生活では、全てのことを自分で行なわなければいけない。食事は食堂があり、作ることはなかったが、洗濯・アイロン、身の回りの整理整頓などは各自の仕事であり、掃除については、同期との協同作業であった。

実家にいた頃は、自分の部屋を片付けるくらいで何もしていなかったことを痛感した。新築のWAC隊舎はとても快適であったが、その反面、維持が大変であった。週末には、白い床をタワシで磨いた。靴墨がどうしても床に付いて、なかなか取れないのである。

毎日、窓や鏡もピカピカに磨いた。共用場所である、トイレや洗面所、廊下・階段、お風呂の清掃も割り当てがあり、日々行なう。毎日が大掃除のようなしっかりとした清掃であった。家でもなかなかやらないような清掃、しかも面積もかなり広い。それを決められた短時間で完璧に仕上げるのは、至難の業である。

トイレの清掃が当たった際、ちょうど私が「内務係」と呼ばれる、学校でいえば日直さんのような、その班をまとめてお世話をする係だった。掃除の仕方がわからず、前任のよその区隊の同期に聞きに行った。教えてもらい、その通りに掃除をしたが、それが班長の逆鱗に触れてしまった。

「何故、班長に聞きに来ない」「おまえの班長は誰なんだ!!」ごもっともである。自衛隊には指揮系統というものがある。

怒られてションボリとしている私。同期も連帯責任と感じたのか「私達の班長は、班長だけです」「班長、スミマセンでした」と、皆がトイレで泣き出した。私の判断の間違いなのに、皆が謝ってくれている。誰も私を責めない。

自分たちで考えて行動するのは、まだまだ先のことである。まだ私達は班長の下で教育を受けている新隊員なのだと思った。

青春映画のような熱い毎日。私達はよく泣き、よく笑った。この事件は、班長と同期の絆を感じた一つであり、その絆はどんどんと深まっていった。

他に掃除場所で大変なのは、お風呂である。お風呂も銭湯の大浴場ほど大きい。男性用の駐屯地の浴場よりは、少し小さめであるが、家のお風呂よりは、遙かに広い。その広い浴場に、クレンザーを撒いて、デッキブラシでこするのは生まれて初めてであった。排水溝の清掃は特にきちんとしないと、女性は髪の毛が長いため、詰まりやすい。山のようにある足拭きマットを干して、カゴを整理して。やることは山ほどあった。

戦場と化す風呂場

朝霞の女性自衛官教育隊のお風呂は、教育隊の隊舎の中の一角にある。そのお湯は駐屯地のボイラー室からではなく、独立した専用のボイラーから供給されている。お風呂の中も隊舎と同様のピンク色である。学生用と、班長達の基幹隊員用と隣り合わせに二つあり、入り口がそれぞれ違い、班長達とはお風呂場では会わない。

外からは覗けないようになってはいるが、きっと、お風呂の外には、キャピキャピとした女性の声が響いていると思う。

しかし実情はそんな優雅なものではない。中は、大勢の隊員でごった返し、戦場と化す。皆が決められた時間にお風呂に入るため、時間が集中し、芋洗い状態なのである。シャワーは、数が少なく、一つの蛇口に数人が群がり、代わる代わるシャワーを使う。シャワーの群れに入れない者は、浴槽のお湯を使う。浴槽に浸かる場合は、中央に行かないと、縁で頭を洗っている人の洗面器でたたかれるのであった。

しかし、休日には好きな時間にのんびりと入れた。人数が少なく、仲の良い同期だけだと、泳いだりもした。いつもこんなだったらいいのにねと休日の大浴場を満喫したのを思い出す。

電話とパジャマ

まだ携帯電話がなかった当時、電話は公衆電話から自らかける方法と、外から自衛隊の交換を通し、隊舎にかかってくるのを受ける方法があった。夜の自由時間になると、ひっきりなしに電話の呼び出しの放送が流れた。その度に、電話が来た者は嬉しそうに階段を降りて、一階の当直室に電話を受けに行くのである。

当直室の電話受け窓口に備え付けられた電話は六台ほどあったであろうか。電話を受けるのにも作法があり「〇〇二士は電話を受けに参りました」と当直に告げて電話を取る。しかし、限られた回線を使っているため、通話時間は極力短くしなければいけない。長電話をすると、もちろん当直から怒られるのである。

電話が一日のご褒美の子も多かったと思う。外の公衆電話には、毎晩、長蛇の列ができていた。少ない自由時間の中、お風呂や洗濯、靴磨きの時間を削ってでも電話に並ぶ。家族や彼氏の声を聞いて、ひとときの至福の時間であったのだろう。

至福の時間に浸る間もなく、その後も、夜の間稽古がある。別の建物の教場へ行き、武器の手入れや分解結合や試験勉強などをするのである。そして、やっと点呼の時間となる。

全区隊が勢揃いし、きちんと整列し、人員や健康状態の異状の有無を当直に報告、点呼が終わると就寝準備をする。寝るまで、分刻みのスケジュールが組まれている。歯を磨き、べッドを寝る態勢に整え、パジャマに着替える。

後に知ったことだが、男性隊員はパジャマに着替える習慣はないらしい。女性の自衛官には、入隊案内の持ち物に「パジャマ」と書かれていた。ジャージで寝ると、汗を吸いにくいという理由でパジャマに着替えて寝るように統制された。皆、お気に入りの可愛いパジャマで眠りにつくのである。たまの外出の時と就寝の時だけ、普通の女の子に戻るのである。

自衛官らしくなってきた？

日々の生活の中で、自衛隊用語や自衛隊特有の仕草にも慣れていく。まずは、自衛官は手を挙げることを「挙手」と呼び、挙手する際には、手をグーにして挙げる。パーではなくなぜかグーなのである。パーを自衛隊流にグーに矯正されて、グーで手を挙げるのが普通となってくる。外出をして、レストランなどで手を挙げたとき、気がつけばグーなのに驚いて、同期と笑った。

時間などの数字の数え方については、0は「まる」と呼び、一は「ひと」と呼ぶ。時間をこの数字の読み方で表すと、例えば一一時三〇分は「ひとひとさんまる」になる。集合時間などは、この自衛隊読みの数字で示されるため、最初は暗号のように思えた。

しかし、七は「なな」と呼ぶが、点呼などでの数え方では、七は「しち」と呼び、いつもどっちかわからなくなり、七番目に並ぶのがとても嫌であった。

その他には、自衛隊ではOKのことを「了解」という。何かに着け了解を連発しては、同期と笑いあった。班長など上級者は更に了解を縮めて「了」と使い、その度に、かっこいい～と、思ったものである。

同期と横断歩道で信号待ちの後に歩き出すと、一斉に左足から歩き始めてしまい、気がつき恥ずかしくなったことが何度もあった。これは基本教練で、必ず左足から歩き始めるという決まりがあるためだ。日々の訓練で歩幅も歩調も矯正されているため、無意識のうちに、綺麗な行進のように揃ってしまうのである。それらの職業病のような癖を見つけては、楽しくて、自衛官なのだと感じた。

「班長の方が格好いい」――ヅカファンに睨まれる

班長にはよく怒られ、怖い存在ではあったが、キビキビとした指導や言動は、先生のような姉のような存在であり皆の憧れであった。中でもボーイッシュな班長は、とても格好良く、宝塚のように人気があった。私の班長もボーイッシュなタイプの人であった。正直、女性か男性か見た目にはわからない。日焼けして筋肉質のうえ、手本となるような立派な短髪である。号令の出し過ぎで、喉が枯れる班長も多く、声も野太かった。班長は女性が好きなのではないかなどと色々と噂もあったが、真実は未だにわからない。

ある日、東京の有楽町を歩いていて人だかりを見つけた。何事かと思っていると宝塚劇場の前だと気付く。どうも宝塚の役者さんの出待ちのようであった。有名なタカラジェンヌを見られるかもしれないと観光ついでに私達もその列に並んでみた。出待ちのファンの列には序列があったようで、私達はそれを全く知らず、一番前の後列に並んでしまった。

ファンと思われる方達は、皆、お揃いのバンダナを着けておられる。私達が部外者だというのは、一目瞭然であった。視線が痛いのは気のせいかと思いつつ、誰が出てくるのか気になり聞いてみた。「スミマセン、誰が出て来られるのですか?」と近くの人にいうとジロリと睨まれて「○○さんです」との返事。

誰が出て来るのかさえわからず、貴方たちは一番前に並んでいるのかといいたげであった。○○さんといわれても、残念ながら私達は誰も知らなかった。

「○○さんて誰だろうね? 有名なのかなぁ、見たら知ってるかな」と漏らしたら、前の人達が恐ろしいくらいの勢いで振りかえり、またまた睨まれた。

数分後、歓声と共に男役のタカラジェンヌがヒラリと出て来られた。美しい顔立ちと線の細い長身。横から見たら内臓がどこに入っているのかと思うほどスリムであった。しかし私達は顔を見ても誰かわからず、口々に「知らないね～」といい出した。

タカラジェンヌに目をハートにしながらも、後ろを振り向き睨むファンの人達。熱烈なファンの人達にとって、私達は非常識な一般人と映っていただろう。思わず「あんなくらいだったら、うちにいっぱいいるよね」「うちの班長の方がかっこいいよね」と口走ったら、ファンの方達の堪忍袋が切れてしまったのか大勢に睨まれて、慌ててその場を逃げ出したのだった。

知らないとは恐ろしいもので、今から考えるとファンの方達に失礼だったと反省。しかし、線の細い男役のタカラジェンヌよりも、私達の班長はもっと男らしく(?)かっこいいと今でも思う。男前の女性自衛官は、婦人自衛官教育隊にはたくさんいた。それは歴代であり、平成の時代になり女性自衛官教育隊と名称が変更となっても存在している。

第4章　演習に向けて

行軍には歌と靴擦れがつきもの

新隊員前期の教育も、後半にさしかかり、最後の集大成である東富士演習場での演習に向けて、着々と訓練が続いていた。

まずは、行軍の予行があった。女性の新隊員でも、富士の演習では長距離の行軍を行なう。それを想定して、朝霞の訓練場で事前訓練をした。

富士山のような起伏はないが、小さなデコボコと、トラックの轍（わだち）がいっぱいある訓練場。貸与されている半長靴は、使い古された中古の靴と、自分用の新品の二足。人が履いていた半長靴を、当初は嫌だと思ったが、柔らかくなった革靴は、靴擦れすることもなく、なくてはならない物となっていた。

行軍は、背のうを担ぎ、銃も携行した。背のうには入れ組品があり、銃だけでも重量は四・三キロある。その上、水筒も満水であった。

予行の当日は天気が良く、快適な季候であった。いつもの入り口ではなく、その日は、まだ行ったこともなかった自動車教習所に近い入り口から入った。訓練場の端から、全区隊が一列になって歩くのである。

行軍といえば、黙々と歩くイメージだが、婦人自衛官教育隊での行軍は、歌を歌いながら行なわれた。見た目は楽しいハイキングのような雰囲気であるが、そこは訓練、重い銃を担ぎながら歌を歌うと息があがるのである。「前に続けー！ 前との距離を開けるな」と班長が檄を飛ばしながら、「次は〇〇を歌うぞ、元気に歌え！」と、次から次へと歌を歌うのだ。訓練場では、婦人自衛官の長蛇の列と、歌声が響き渡る不思議な光景が展開されることとなる。

半分の距離を歩いたところで小休止があった。私達が腰を下ろして水筒の水を飲んでいる間も、班長達は休憩することなく、個々の隊員に声を掛け、状況を掌握している。この時点で、もうすでに靴擦れをして苦戦している者も多数いた。私は、運良く靴擦れすることなく元気であった。

班長達から靴を脱ぐように指示された。靴を脱ぎ、靴下がずれていないかチェックしろというのである。当時の官給品の半長靴用の女性の靴下は、品質があまり良くなかった。足口のゴム部分も緩く、靴下が下がってくるのである。靴下が下がり、靴の中でよれると靴擦れの原因となる。

私は指示されたとおり靴を脱ぎ、靴下を確認したが、それが悪かったのか、反対にその後、靴擦れしてしまったのである。痛い～、重い～と思いながらもなんとか行軍は終了した。しかし、この後に控えている富士山での演習ではこの二倍の距離を歩く。果たして、歩き通せるのだろうかと不安になったものである。

歌を歌うのは、士気を高める効果と団結の強化、及び心肺機能を鍛える理由があったと考えられる。現在の自衛隊においては、長距離移動はもっぱら車両移動である。従って、この行軍訓練は、体力の確認と、精神面の強化が目的であったのだと思う。

初のテント宿営――敵は「蟻」

続いては、駐屯地内での、個人用天幕（テント）での宿営である。

昭和の終わり頃の朝霞駐屯地には、まだ米軍が駐屯した頃の建物が多数点在した。昔の学校のような木造の建物が多く、現在の正門のあたりは、うっそうとした木々で覆われており、昼間でも薄暗かった。

その中に、廃墟と化した米軍の映画館が残っており、ボロボロの隙間からは、所々、中が見え隠れする。中は破れた緞帳（どんちょう）が垂れ下がっており、お化け屋敷のようだった。その隣に、やや開けた松林があり、小道を挟んでつつじが生い茂る場所があった。その周りに、各区隊毎に割り当てられた場所で、新隊員全員が宿営した。

個人用天幕とは、背のう入れ組品の一つである。個々で携行し、使用するときは、二人分を組み合わせて、一つの天幕が完成する。二人でなんとか寝られる、小さな天幕であった。陽の高いうちに、せっせと天幕を展張する。ありがたいことに、地面は固すぎず、砂地でもなく、天幕は上手にすぐに立てられた。最後に、中に寝袋を敷いて完成である。

今夜は、初めての露営であった。いつものパジャマではなく、ジャージ上下で就寝する。辺りは、とうに日が暮れていた。キャンプのように楽しくて、なかなか寝付けない。班長達が、各天幕を見回り、「静かにしろ」とか「早く寝ろ」と、聞こえてくる。東京であっても、さすがに夜は冷える。首までスッポリと寝袋に入って、芋虫のような状態で寝た。

疲れもあってか、いつの間にか眠りに落ちていた。しかし、小一時間ほどした頃、首の辺りから、寝袋の中まで、何やらモゾモゾするのである。隣に寝ている同期に声を掛けると、同期も起きていた。

何か変だと懐中電灯を点ければ、何と大量の蟻！　寝袋のみならず、私達の上半身は蟻まみれ。

虫が苦手な私は、ギャー！　と叫んで取り乱す。半泣き半狂乱の状態であった。すぐに班長が駆けつけ、私達の異変に気付く。どうも大きな蟻の巣の上に天幕を立てていたようであった。「早く出ろ！」といわれて、慌てて天幕から出た。キャーキャーと、蟻を払うのに必死である。蟻に刺されなかったのだけは、不幸中の幸いであった。

その後、皆が寝静まった真夜中の暗闇で、場所を変更して、天幕を立て直すはめになった。

今度の地面は、粘土質で、とても固かった。前回の地面が立てやすかったのは、蟻の巣の上だったからであろう。

慣れた隊員であれば、すぐに立てられるような小さな天幕だが、不慣れな新隊員の私達は、なかなか立てられなかった。やっと立てられた頃には、力尽き、あっという間に朝を迎えた。

蟻の巣までは、計算外であった。私のように、虫が苦手な自衛官もいるのである。ただ、日常の生活では小さな虫も苦手なのに、野山での訓練においては、目に入らないようにすることが出来る特殊な能力（？）がいつしか備わった。これも一種の修行のようなものである。

偽装の練習

その次には、偽装の練習である。演習場では、敵からの発見を防ぐために、頭や体に草木を付けて目立たないようカモフラージュする。

まずは、班長が見本を見せてくれた。班長を捜せといわれるが、班長がどこに隠れているのかわからない。すると、すぐ前のボサの中から、班長が突然、雄叫びを発しながら飛び出したのである。木のお化けのようであり、目の前で見ても班長とはわからない。

あまりの迫力に驚いた。顔は、ドーランと呼ばれる絵の具のような物で、迷彩柄に塗られており、目だけがギョロギョロとして怖かった。私達もこんな姿にならなければいけないのだろうかと思ったものである。

訓練場で偽装の練習をしても、やはり班長のような立派な偽装はできなかった。まずは、草木の選定であるが、これがなかなか難しい。手折りやすい草は細く、生い茂る立派な木は折れなかった。終いには手当たり次第に、キリン草など根っこごとぶら下げた。中には漆の木で偽装してしまい、かぶれる同期もいた。私は未だに、漆の木がどれなのか判別がつかない。

最後の仕上げは、顔にドーランを塗る。コンパクトなパレットに入った何色かのドーランセット。恐々と遠慮がちに塗るものだから、やはり班長のようにかっこよく塗れなかった。

同期の中には口の周りを黒くして「泥棒」のようになったり、眉毛を濃くしたりと偽装より仮装といえそうな者も少なくなかった。緑の中に溶け込む模様というのは難しかった。私たちは笑い転げながら「ヤ〜レン・ドーラン・ドーラン……ハイハイ♪」と歌いまくった。

これらの訓練は、新隊員課程においては、ほとんど経験程度で終わり、後は部隊での実践で覚えていくのである。

不寝番と幽霊

夜の訓練の想い出といえば「不寝番」である。文字通り、交代で寝ずの番をするのである。深夜に、割り当てられた時間に起きて、隊舎を巡回する。訓練でもあり、警備の意味合いもあったと思う。

当時の婦人自衛官隊舎は、新築の生活隊舎の他に、隣に木造二階建てのボロボロの教場（教室）隊舎があった。

その教場隊舎は、昔の学校のような雰囲気で、入り口の土間はコンクリート、一段上がって廊下があり、床は板張り、ドアも木製で、風が吹けばギーと鳴った。そしてそこは、昔の婦人自衛官の生活隊舎であった。不寝番は、その隊舎を巡回するのである。

班長から、夜の間稽古の時間に不寝番の説明があり、教場隊舎の端にあるやや大きめの教場に集められた。そこは、雨の日に、よく体力トレーニングに使っていた部屋だった。

班長は、おもむろに昔話を始めた。

……昔々、トレーニングに励んでいる隊員がいた。一生懸命練習をしたが、結果が残せなかった隊員は、思い余って自ら命を絶ってしまった。朝霞駐屯地には、今でもその隊員の霊が彷徨っており、時折、青白く光るトレーニングをする姿が目撃されている……

皆、完全に青ざめた。そして、「その隊員がトレーニングをしていた部屋が……ここだ!」と、班長が大声でいうと、キャーと悲鳴が上がった。

その夜に、不寝番が回ってきた私。しかも割り当て時間は丑三つ時。バディーと二人一組での巡回であった。部屋で寝ていると、前の組が起こしに来た。普段の夜の間稽古の時間には、周りの隊舎からの明かりや、たくさんの同期の声、駐屯地の生活音などがあり、怖いと思ったことなどなかった。しかし、深夜の駐屯地は、ほのかな街灯があるだけで、暗くて、恐ろしいほど静かである。

ギーと鳴るドアを開けて、真っ暗な教場隊舎に入り、電気のスイッチを探す。廊下に明かりが灯ると、ホッとした。それでも、それぞれの部屋は暗く、懐中電灯で中を照らしながら進む。怖いよ〜。

元々は、生活隊舎であったため、古い洗面所やお風呂もそのままあった。それが怖くて怖くて。次の場所に進む時、前の場所の電気を消しながら進むのだが、明かりを消した廊下を振り向くことは、できなかった。

二階に上がり、例のトレーニングルームに差し掛かる頃には、もう緊張感いっぱいである。

バディーと寄り添って恐る恐る進む。もちろんここは、遊園地のお化け屋敷ではない。これも訓練のうちなんだ！　自衛官は、お化けとも戦うのだ！　いや、恐怖心と打ち勝つ訓練である。もう〜、なんで班長は、不寝番の前にあんな話をしたのだろう。班長がニヤニヤと笑っている姿が想像できた。

もちろん、幽霊など作り話であった。

身だしなみも訓練の内

訓練においては、女性の自衛官も男性の自衛官と同じような新隊員の基本的なプログラムに沿って教育が行なわれるが、中には、教養としての女性特有の授業もあった。お化粧と華道と着付けの授業である。部外から、講師の先生が来られるのだ。

お化粧は、社会人の女性としての身だしなみを身につけるためであり、皆とても興味津々であった。当時の女性自衛官は、あまり飾り気がなかった。田舎から出てきた少女達は、お化粧をしたことのない者も多かったと思う。

華やかで綺麗な部外の講師が、使う順番を説明し、それぞれ、自分の顔に化粧をしていく。意外や意外、日焼けした顔も、お化粧をすると、それなりに女性らしく見えた。同期と顔を見合わせては、ちょっぴり恥ずかしく、背伸びをして大人になったような気分であった。私達しかし、慣れない化粧のため、ほとんどの者が「おてもやん」のようになっていた。

は、社会人になったとはいえ、他の企業などに勤めた人達とは全く違い、お化粧なんて縁遠い毎日である。当時の世間では、女性も小麦色の肌が健康的としてもてはやされ、化粧品のファンデーションも、小麦色に見える濃い色が流行だった頃。私達は、そんな流行とは無関係に、毎日の訓練で嫌というほど日焼けしていた。

腕は半袖の位置、丸首のTシャツと「第三種夏服」と呼ばれる半袖・開襟の夏制服兼作業着上衣のおかげで、首元はVの字のおかしなツキノワグマのような日焼け跡である。

足は短パンと靴下の日焼け跡。手の甲においては、戦闘訓練の際には、左手だけ軍手をはめる（右手は射撃のために軍手ははめない）ため、左右の手の甲の色が異なった。

もちろん顔は真っ黒である。知らない人から見たら、どうしたらこんな日焼け跡になるのかと不思議に思われていただろう。これに水着の跡でもついた日には、重層的は日焼け跡が形成され、とんでもない姿となるであろう。

最初は、日焼けを気にする者もいたが、すぐに諦めた。どう足掻いても、訓練尽くしの毎日では、どうにもならない。あまりの日焼けに、黒光りしている者もいた。

いつかは、お化粧をして仕事をする日が来るのであろうか？　その頃は、まだ想像もできなかった。

その後、お化粧した顔のまま、制服を着て、精神教育と呼ばれる偉い自衛官の方のお話を聞く授業へと向かう。教わったとおりに同じ化粧の顔、慣れないお化粧をした女性自衛官がズラリと並ぶ様。それを目の前にした偉い方が、どのように感じられたかは不明である。

華道の授業については、部外の先生が数人来られて、同期三人一組でお花を活けた。はさみの持ち方、お花の切り方を教わって、先生が活けられた見本の形と同じように活ける。私達は、見本を見ているにも関わらず、全く別の物になってしまい、先生は呆れておられた。私達には、センスがないのねと笑ったものである。

着付けの授業は、好きな浴衣を選び、基本的な着方を教えてもらい、帯を付けてもらった。体育着の上から浴衣を着た。これも女性のたしなみなのであろうとは思ったものの、お化粧と華道については、いつか職場で使うことがあるかもしれないが、着付けについてはどんな場面で発揮されるのだろうと思った。

第5章 —— 射撃訓練

射撃予習に大苦戦

教育も終盤を迎え、各種検定合格に向けての訓練は最盛期となった。

その中で、特に私が苦手だったのは射撃であった。小さな体格で、射撃姿勢もままならない上に、私は大きな音が大の苦手であった。雷や花火もその部類で、未だにとても苦手だ。

普段の射撃訓練は、実弾射撃ではなく、姿勢と照準と発射のタイミング、時間の使い方の練習であった。これを「射撃予習」という。

膝撃ち（肘と膝を使って、銃を支える射撃姿勢）、伏せ撃ち（伏せて地面に両肘を付いて撃つ射撃姿勢）、脚使用の連射（銃に付いている折りたたみの脚を使用し、地面に伏せ連発で撃つ際の射撃姿勢）の三種類を練習した。

各姿勢の射撃には、時間制限があった。号令に沿って行なわれるが、「打ち方止め」の号令が掛かるまでの間は、個人で時間配分しなければいけない。姿勢を保持して、正確にテンポ良く撃てれば良いが、なかなかそうは行かなかった。

姿勢を確立した後に、弾倉を装填するため、その頃には、すでに息が上がっていた。装填すると、それまでしっかりと取れていた姿勢も水の泡となった。

照準は片目で照門を覗いて、照門の丸い穴の中で、照星を的の中心に合わせて撃てば当たるはずなのだが、姿勢がきちんと取れていないと、銃がグラついて照準はできない。照準を合わせたまま、引き金を引くのであるが、勢いよく引くのではなく、ゆっくりと慎重にギリギリの所まで引いておいて、最後に落ちる程度が良いのだ。慌てて勢いよく引き金を引くと当たらない。そのことを「ガク引き」と呼ぶ。

私自身の体格の問題もあったが、実は射撃予習に使われていた婦人自衛官教育隊の隊舎の前庭は、小さな小石が敷き詰められているのであった。

そして射撃予習の際は、ゴザを敷いているものの、銃を支える肘は、戦闘服の上からでも擦り傷ができた。度重なる射撃予習のため、肘は常に血だらけの状態、それが大変痛かったのである。サポーターをしても、骨張った肘で体重と銃の重みを支えるのは私には厳しかった。

姿勢がどうの・体格かどうのというよりも、痛いよ〜と耐えながらの射撃予習。同期には、肘を怪我している者はほとんどいなかった。

みんな、肘が強いのかな？　肌が丈夫なのかな？　姿勢が上手いのだろうなぁと思った。肘が痛いなどとは、当然誰も知らない訳で、おかまいなしに訓練は続く。

日頃の鍛錬で、ここが痛い・あそこが痛いとか、しんどいなどとは班長にはいわないようになっていた。ただ何を聞かれても「大丈夫です」と返事するのが常であった。射撃予習だけは、早く終わってほしいといつも心の中で思っていた。

実弾射撃では、撃った後の反動も強い。予習ではもちろん反動まで体感できないが、その分、引き金を引く度に、同期が手動でスライド部分を引いてくれた。

実射では、自動でスライド部分が開閉し、次の弾を送り込んでくれるが、予習では弾丸の装填はしないため、スライド部分は開閉しない。

引き金を引く度にスライド部分を開閉しないと、次の引き金は落ちないのだ。スライド部分は、意外に重い。そのため、最後までしっかり開閉できなかったり、空振りしたりと最初は、失敗の連続であった。

その同期の手動の開閉動作は、上手であれば、体に負荷はかからない。しかし、下手だと、姿勢ごと崩されるような衝撃が来る。「ごめん～」といいながら、バディーと一緒にいつも交代で練習したものである。撃つ度に「一発、二発、三発……五発、撃ち終わり！」

照準と発射の間は、上手い人であれば四カウントといわれている。一・二・三、ダーン、一・二・三、ダーンを繰り返すのである。反動を上手く捕らえて、次に繋ぐ。それができれば、上級者であった。

大きすぎる鉄帽にはターバンで

私にとって、他にも困ったことがあった。それは、鉄帽（鉄兜）が大きいのである。鉄帽にサイズはなく、男女同じである。昔の鉄帽は、鉄の兜の内側に、ライナーと呼ばれるプラスチックのヘルメットを重ねていた。ライナーももちろんサイズはない。

部隊配属後は、先輩から鉄帽用の便利なグッズを教えてもらったが、新隊員のうちは、グッズの使用は許可されない。姿勢を取っていても、ズルズルと前のめりにズレてくる大きな鉄帽。引き金を引く度に反動で、前が見えなくなった。片手で鉄帽を直そうとすると、より一層、射撃姿勢は崩れた。上級者の四カウントは頭にあるものの、私の場合、そのカウントの間に、鉄帽を直す時間も必要となった。

そうでなくとも、痛くて苦手な射撃は、悪戦苦闘の連続であった。だが、皆、同じ条件である。皆ができるのに、私だけができなくて、特別扱いなどはあり得なかった。鉄帽やライナーの中に、タオルなどを詰め込んで、なんとか工夫してみた。

時折、ライナーの中に可愛いハンカチなどを入れている同期もいたが、それは、汗取りと汚れ防止の役目であった。私の場合は射撃の前になると、頭にタオルを巻いて、インドの人のように立派なターバン姿の重装備となっていた。

剣道の面の中の手ぬぐいならかっこいいが、頭が盛り盛りの異様な姿。汗が気になるとか女性らしいレベルではなく、とにかく、鉄帽の隙間を埋めるのが目的であった。白いタオルでは目立つので、ターバンだけのためにカーキ色のタオルを購入した。

照準の際、上級者は息を止めるのだそうだ。何でも、呼吸で胸が上下するだけでも、照準は狂うらしい。だから、ダーン、息を吸って、吐いて二・三（この間に、同時に引き金を慎重に引く）そしてダーンとなるのだとか。スゴイ～！　かっこいいけど、あぁ、私にはできない。

私の場合は、キャー、怖い～、ダーン、キャー、グラグラ、鉄帽修正、姿勢修正、キャーが続くのであった。

ふざけている訳ではないが、このまま実弾射撃を行なわせて大丈夫だろうかと班長は思っていたかもしれない。

ある日、班長はいつになく真剣な顔つきで、射撃の話をし始めた。

「おまえ達は、何を撃つ練習をしてる？」と聞かれて「的です」と答えた。「的の黒い部分は、人の形を表している」といわれたとき、私達自衛官は、人を撃つことを想定して、練習しているのだと初めて気付いた。

新隊員の私達には、とても衝撃的で、考えれば考えるほど恐ろしいことだった。

しかし、それは受け止めなければいけない事実であり、班長は、射撃はゲームや遊びではないと教えたかったのではないか。それを自覚しているのと、していないのとでは諸動作においても大きな差が出るだろうと思う。もっと真剣に、事の重みを感じながら挑めと教えたかったのかもしれない。気を引き締めなければいけないなぁと思ったのであった。

　この後に、お試しのような短い射程の実弾射撃を行なった。ただ、それについては、全く記憶がない。きっと、頭が真っ白になって記憶が飛んだのだと思う。その後、本番の射撃でも、様々なハプニングが起こり、大変なことになるのであった。

射撃検定——班長の心配りに涙

　とうとう射撃の検定を受ける段階となった。

　今から考えれば、とんでもなく恐ろしいことである。私よりも周りの人間の方が怖かったことだろう。よくもまぁ、班長はこんなできの悪い私を最後まで指導して下さったなと感謝する。

　実弾射撃は、朝霞の訓練場にある屋内射場で行なわれた。射撃のためだけの建物なだけに、殺風景で薄暗い。天井は低く圧迫感があり、砂埃漂う、やや不気味な建物であった。

　射場に一列縦隊で入ろうとした時、一番最後に並んでいた私だけ班長に呼び止められた。何だろう？と思っていたら、鉄帽を脱げという。射撃しないの私？　と不安に思っていたら、脱いだ鉄帽を班長は、ちょこんと前後逆さまに私に被せた。何事かと驚いたが、前方にひさし部分の無い鉄帽はとても見通しが良かった。

　班長は鉄帽が大きくて、前方が見えにくく苦戦している私のことを知っていたのだ。班長は、内緒だといった。本当はしてはならないことだったのかもしれないが、班長の優しさがとても嬉しかった。私がウルウルして泣きそうになっていると、班長は早く行けと合図をした。そして、私は皆の後を追って、射場に入って行った。

屋内の射場は屋外射場に比べると、建物に反響して射撃音がとても大きく感じる。耳栓をして入るため、音は聞こえるというより、体に響いてくるのである。耳栓をもっとたくさん耳に入れたい気分である。耳栓も時代により様々であったと後に知る。新隊員の頃はプラスチックの耳栓で、その次にはスポンジのようなウレタンの耳栓となった。もっと昔の時代の人は、綿を詰めていたと聞く。

天井の大きな換気扇の音がゴーと鳴り響く中、耳栓をした孤独な世界。皆、緊張しているのであろう、同期とも会話はない。班長の指示を聞き逃さないため、班長の動作に集中する。

全区隊が順次射撃するため、待ち時間は長かった。射場に入っても、無言で待機位置で待った。待機位置は薄暗い。前方の射座だけが、明るく浮き上がっているように見える。射撃音がする度に、ビクッとした。

「おまえ、どこを撃ってるんだ〜」

独特の雰囲気の中、やっと自分の番が来た。嬉しいよりもすでにカチンコチンで逃げ出したい気分であった。怖いよ〜。同期が横に等間隔に五人ほど並び、それぞれに指導者が補助に付く。

私の補助は運良く班長であった。少し安心した。それでも緊張しまくり、涙が出そうであった。手はガタガタと震えていた。今まで一生懸命、射撃予習をしてきた成果をここで発揮するのであるが、意地もプライドもない、全てを忘れて真っ白になりかけていた。落ち着け〜私、深呼吸だ。

「安全装置確認、弾込め！」と号令がかかり、大声で復唱しながら、「安全装置良し！　弾込め良し！」と答える。弾は装填され、いよいよ、まずは点検射である。三発撃って、銃や個々の癖を見て、弾着を修正するのである。野外であれば風なども影響するため、その都度、修正しなければいけない。

「撃てー！」と同時に安全装置を解除し、撃つのであるが、静寂が辺りを包む。初弾は誰もなかなか出ない。照準に手間取っているのではなく、誰か先に撃ってほしいと譲り合っているようだった。

誰かの初弾が出ると、それを皮切りに皆が一斉に続いた。私もそのうちの一人であった。しかし、隣で撃っているといっても至近距離である。さすがに声は出さないが隣の音に驚いて、ビクッと体が萎縮する。萎縮した瞬間に思わず引き金を引いてしまう。自分の銃の音はといえば、大きすぎて隣の音より怖くはない。しかし耳栓をしていても、耳はキーンと鳴った。それよりも反動の衝撃の方がこたえる。

一回目の点検射は、まずまずであった。班長が望遠鏡を渡してくれて、的を確認する。そして、班長に修正の数値を教わり、照門の上下左右を修正するのである。私の場合はゼーゼーと肩で息をしており、修正どころではなく、全部、班長がして下さった。

点検射は三回行なわれた。その場の雰囲気に少しずつ慣れてくるものの、相変わらずカチンコチンのままであった。二回目の点検射では、「全弾不明」といわれて、修正どころではなかった。全弾不明って……。班長に怒られる〜と、青ざめた。すると隣の的に、撃った数以上の弾痕が見つかった。「おまえ、どこを撃ってるんだ〜」と班長は呆れていた。まっすぐに撃っているつもりだったのに、遠くにたくさんある的を間違えたのだ。的の上には番号が書かれているが、そんなの確認する余裕はなかった。距離のある射撃ではほんの小さな角度の違いで、弾の着弾点は大きく変わってくるのである。結局、私の点検射は無駄に終わってしまった。それでも、班長には怒られなかった。

検定本番——弾詰まりにパニック

続いて、検定本番の射撃。まずは、伏せ撃ちからの射撃である。初弾がなかなか出ず、最後の方は、焦って連射に近い撃つ速度になった。

引き金をガク引きすると、当たらないとわかってはいる。照準を定めて、ギリギリまで引き金を引いて、最後は落ちるよう引く。しかし、私の場合は引き金をギリギリまで引く最中に、出る〜、出る〜、怖い〜と思ってしまい、自然と目をつむってしまっていた。両目をつ

むれば、当たるわけはない。それでも射撃姿勢が、きちんと取れていれば、最後の瞬間に目をつむっていても、なんとかどうにか当たるのである。

弾には時折、曳光弾と呼ばれる、赤く光る弾がある。飛ぶ弾の方向を見るための弾である。しかし、私はこの後も、残念なことに自分の曳光弾を一度も見送ったことはない。だが、補射と呼ばれる再検定にはなったことがないので、不思議である。

撃ち始めてすぐに弾詰まりを起こした。弾倉に上手く弾を込められなかったのか、何なのか、六四式小銃はよく弾詰まりを起こす。弾詰まりを起こしているなど全く気付かず、あれ？　あれ？　弾が出ないと思っていると、班長が大声で「打ち方待て！」と叫んだ。「安全装置、弾抜け、安全点検！」といわれ、慌てた。何が起こったのかわからず、いわれるがままに射撃を止め、安全装置をかけたところで、状況を認識した。状況を理解したものの、思わぬ事態に完全に気が動転してしまった。

班長が手伝って下さって、なんとか詰まった弾を排除し、再チャレンジすることになった。当然、皆は射撃を終えていて、私一人だけで射撃。それはそれで皆に注目されて緊張するのであった。

そして、次は膝撃ちでの射撃である。そこでまたまたアクシデントに見舞われた。射撃中に撃ち殻薬莢が、跳ねて班長の顔に当たった。班長の顔は、薬莢が当たった場所がやけどのようになり、少し出血していた。「班長、スミマセン‼」射撃は中止かと思われたが、班長はそのまま続けた。スミマセン、スミマセンと半泣きで恐縮している私に対し、今まで見たこともないほど班長は優しかった。

班長はきっと痛かったことと思うが、後で考えると、慌てている私に安心感を与え、落ち着かせるために、わざと優しくして下さったのだろう。やはり私の班長は素晴らしい人だと今でも思う。

アクシデントは他にもあった。射撃後すぐに、そばに落ちた殻薬莢に手を伸ばした。殻薬莢がなくなっては大変だからである。しかし、見事にやけどしてしまった。撃ったばかりの薬莢は、熱いことも知らなかった私であった。

もちろん、私の射撃成績は散々な結果となってしまった。やはり相対的に見れば、射撃の上手い子は、体格の良い子が多かった。私だけがこんな風だったのかは不明であるが、何にせよ、手の掛かる新隊員であったことには違いない。班長には心から感謝する。新隊員の射撃は、教育隊の区隊長や班長の他、管理部門の方も、とても大変だと思った。

第6章　楽しい日常諸々

班長との交換日記

班長とは、「内務ノート」と呼ばれる、いわゆる交換日記のような物を交わしていた。その日、感じたことや、学んだこと、悩み相談などを班長に伝えるのである。たくさん書く子、一行しか書かない子、個人ごと様々である。まだ携帯やメールがなかった時代、私は学生の頃から文通友達がたくさんおり、手紙を書くのが大好きだった。内務ノートも、たくさん書いていた記憶がある。

内容は、今となっては忘れてしまったが、そのノートが返ってくるのを、毎日心待ちにしていた。班長からの返事が楽しみなのである。

課業が終わると、内務係が、班長から返ってきた内務ノートを皆に配る。

我先にと、群がって、あっという間に配布終了。お互い見せ合うこともなく、ベッドの上やドレッサーの前など、それぞれの場所でニコニコしながら読みふけった。憧れの班長との秘密の交換日記である。

班長は、丁寧にたくさんの返事を書いて下さった。カラフルなペンやスタンプで可愛く彩られていることもあった。班長の文字は大変美しく、素敵な女性だなと思ったものである。

班長は、日々多忙で、だんだんと返事が遅れるようになった。「内務ノート、もうちょっと待って」といつもいっていた。多忙な中、毎日、班員全員へのたっぷりの返事、多少遅れるのもしかたのないことだったと思う。

班長は、後で送るといっていたが、その大切な新隊員・前期の想い出の内務ノートは、結局、教育が修了しても私の元には返ってこなかった。

年月は流れ、一五年ほど経って、班長に会ったとき「うちに、シロハトの内務ノートがあるよ〜」と笑っていた。

も〜班長！　でも、いまさら返ってきても、きっと恥ずかしい内容だと思うので、見たくないです。

班長は新隊員の見本

班長という仕事は、ほんとうに激務である。二四時間付きっきりで私達の世話をして下さる。就寝前のひとときも、ゆっくりとはしていられない。ひっきりなしに、誰かに何かが起こり、その度に班長の部屋に呼びに行くのである。

私達は班長の部屋には入ってはならない。ドアの隙間から、部屋の中を覗くことも禁止されていた。

用事があるときは、班長の部屋の前でドアが閉まったままの状態で「シロハト二士は、○○班長に用件があり参りました」と大きな声で呼びかけるのである。すると班長が部屋から出てくる。

班長の部屋の中が見たくて見たくて、しかし、ドアのすぐ前に、背の高いロッカーで目が隠しされていて、ついに中を見ることはなかった。

新隊員の私達は、些細なことでも班長に聞きに行った。ある時は、南京錠の鍵をなくした子がいて、困っていた。班長に相談すると、大きなペンチのようなハサミを持ってこられた。何事かと思えば、そのハサミで南京錠を切るのである。

一体どこからそんな物を持ってきたのか？　班長には、ドラえもんのポケットでもあるかのように、次から次へと様々なことにサラリと対処していく。

きっと過去の学生にも、同じようなことがあって、教育隊には対処方法が備わっているのだなと思ったが、しかし南京錠の壊し方まで！　ほんとうに頭の下がる思いであった。

いつも私達が寝た後も、私達が起きる前から仕事されていた。その他に、部隊での当直などの割り当て勤務もこなしておられた。学生がいる間は、班長にはプライベートな時間はほぼないのが現状であった。時折、休日に班長が私服姿で外出するのを見かけるくらいで、ほんとうに外出も希といった印象であった。

たまに、就寝間際に、外出先から飲んで帰ってきた酔っぱらいの班長が営内（各部屋）に乱入してくる。ふざけてモンスターのように皆に襲いかかるのである。キャーキャーいいながら、応戦して撃退する。それが楽しかった想い出の一つであり、班長のふざけた一面を垣間見る珍しい光景であった。やはり班長は、常時、新隊員の手本として、神経を遣っていたと思う。

傘は差さない自衛官

自衛隊での生活も、そこそこ板に付いてきた前期教育終盤。いつも不思議に思っていたのが、雨の日である。自衛官はどんな時も傘を差さない。それは制服姿の時も同じであった。雨の日に駐屯地内で傘を差しているのは、職員の人か一般の人である。戦闘服の時には、外被（がいひ）と呼ばれるハーフコートもしくは、訓練の時にはセパレーツと呼ばれる上下組のカッパを着用し、制服の時には、雨衣（あまい）と呼ばれるレインコートを着用した。

その光景に、最初は、「先輩自衛官はやせ我慢をしているのか？　それとも、傘を差すのが邪魔くさいのか？」と思ったが、そうではなかった。

そのうち、傘を差さないことが普通になり、何の抵抗もなくなった。どこの世界に、そんな女の子がいるだろう？

一応、傘は持っていたが、たまの外出の際にしか使用することはなく、久しぶりに可愛い傘を差すと「娑婆だよね〜」と、嬉しくなったものである。外出先で、小雨が降ると「いや〜ん」と口ではいうものの、ほんとうは、これしきの雨は、何とも思っていない女性の自衛官は多いのではないだろうか。

自衛官になって初めて傘一つで喜ぶことができると知った、これって幸せなことだと思う。自衛官はどんなに大雨であっても、ズブ濡れになりながらも、あまり役に立たないフードと帽子を被っているだけで、何が何でも傘を差すことはない。それは、有事の際に、常に両手を使えるようにしておくためである。それに日頃から習慣づけているのだ。

食事時間は平均七分

食欲旺盛の毎日。食事の際の要領にも慣れた。入隊した頃に比べると、食事するスピードも早くなっていた。全部食べきらなければいけないと思い込んでいた入隊当時、全部食べなくとも良いとわかり、この頃には先に食べるべき物と時間があったら食べる物とを判断しながら食べるようになった。

食事の時間は内務係と呼ばれる当番が決めるのだが、その時により、時間に余裕があるかないか考えて決める。平均七分くらいが常だった。班長が一緒にいる時は、班長の顔色も見ながら決める。

ある日、私が内務係の時に初めてステーキが出た。豪華なステーキではなく薄いお肉ではあったが、ステーキはステーキ。田舎から出てきた食べ盛りの少女達は目を輝かせて、とても喜んだ。

ステーキだから、今日は少し長めの食事時間にしたいと思ったが、その時、班長と目が合ってしまった。班長の目がギロリと光る。

しかたなく、短い時間にして「食事は、○分まで」というと、皆からは声にならないガッカリ感が伝わってきた。

ほんとうは、私もステーキをゆっくりと食べたかった。ステーキだけ食べるわけにも行かず、時間内に食べきれなかったステーキの残りを、悲しい気持ちで見送ったことを思い出す。班長、食べ物の恨み？　は忘れないものですね。何十年も前のステーキの話を思い出してしまいました。

毎食、七分くらいで早く食べる訓練をしなければいけない私達。普通のOLであれば、スーツを着て、お化粧して、優雅にゆったりとランチするのだろうなぁ。いつか、ゆっくりと食事がしたいなぁと夢見たものである。

私達は隊員食堂と呼ばれる食堂で食事する。隊員食堂は陸士と陸曹用の食堂である。幹部の方は幹部食堂と呼ばれる食堂が別にあり、その他には、体育学校の人が利用する特別な食堂もあったように思う。

それぞれ入り口が違い、幹部の方達はどんな食事をされているのかわからない。きっとすごく豪華な食事をしているのだろうと私達は想像していた。

後に知ったところによると、幹部の方も同じメニューである。隊員食堂との違いは食器類がキレイであったり、椅子が上等だったり、配膳が丁寧であったりの違いである。体育学校の人の食事はカロリーの基準が一般隊員とは違うため、一品多いとかの差があるとか。

私達は時間内に食べきれないとわかっていても、隣の芝生は青く見えて、どんな物を食べているか、いつも気になっていた。普通のOLを羨ましく思う反面、やはり、私達は食欲旺盛であり「色気より食い気」だった。

起床ラッパに始まる毎朝の日課

雪が降った入隊から、季節は夏に向け、日増しに暑くなっていた。

ベッドメイクは、「延べ床（のべどこ）」と呼ばれる、毛布でベッドを包む冬向けの仕様から、「上げ床（あげどこ）」と呼ばれる、夏向けの仕様へと変わった。上げ床は、毛布を全て畳んで足元に積み上げる。単に積み上げるのではない。同じ自衛隊の毛布であっても、それぞれ若干、大きさに違いがある。

大きい物から、順に並べ、毛布の端を美しく揃える。ピシッと揃った端は、バームクーヘンの切り口のように美しい。その上に、掛け布団を「伊達巻き」のように綺麗に丸め、その中に、布団がふっくらと見えるように枕を入れる。それを毎朝、行なうのであった。

毛布を美しく畳むのに時間がかかるため、寝る前には使わない毛布は崩れないように、そっと動かした。その使わない毛布は、フットロッカーと呼ばれる、普段はベッドの下に置いてある下着を入れるロッカーを引き出して、その上に置き、ベッドの脇の枕元に置く。毛布置き場は、ちょうど良い高さのテーブルのようになり、明日の着替えや目覚まし時計を並べるのが、私流であった。

お気に入りの時計はクリーム色の猫の模様。暗がりでボタンを押すと、ほのかに青く文字盤が浮かび上がる。入隊当初は、夜中に「今、何時？」と何度も時計を見たが、次第に時計は必要なくなり、連日の訓練に疲れ果て、朝まで熟睡する毎日を送っていた。

毎朝、六時半にはけたたましく起床ラッパが鳴る。ラッパで起きるのが当たり前なのだが、ラッパ直後に点呼があるため、ラッパで起きていては遅れを取る。

ラッパ前には行動するなといわれてはいるが、六時二〇分くらいになると、皆が起き出すので、その気配で起きるのだ。私は寝起きはとても良かった。中には、朝が苦手な子もいて、大変苦労している様子だった。

ほんとうは禁止されていたが、ラッパが鳴るまでは静かに隠密行動をする。寝具を整え、洗顔を済ませ、着替えてラッパを待った。お化粧はしないが、女の子の朝は忙しいのである。

ラッパと同時に一目散に外へ出る。他の区隊に負けないように、素早く並ぶ競争である。係の者が号令をかける。

いのである。

前から順に各人が番号を口にし、後ろへと送っていく。もちろん最後尾はこの私。一番後ろから、自分の番号を渾身の力を込めて叫ぶ。そうしないと、一番前の係には、声が届かないのである。

「番号、始め！」

たまに、寝ぼけて遅れて来る子がいると、当然、送られて来る数字が狂う。定員に達していないとわかると、私は自分の数字を言った後に「一欠！（いちけつ）」と叫ぶ。一人足りませんという意味である。そこで「誰？　誰？」と、各人が前後の者を確認し「○○ちゃんがいないよ～」となるわけである。

皆の集合が遅いと、当然、朝から班長の機嫌が悪くなり、連帯責任となるのであった。係は当番制で交代するが、最後尾は代わることはなく、朝から大声を張り上げるのが、私だけに課せられた大仕事であった。

今から考えると、私達が集合する前からきちんとした身なりで待っていた班長は、何時から起きていたのだろう？　やはり班長は、大変な仕事で偉大であったと思う。

高卒組と短大組

六月にもなると、東京の外れといってもさすがに暑い。クーラーもなく、扇風機も冷蔵庫も、テレビもない教育隊生活。地球温暖化が叫ばれていなかった時代であっても、よく耐えていたなと思う。

まだ携帯電話もなく、音楽を聞くウォークマンも普及しておらず、音楽や外の情報を得る手段は、ラジオが中心だった。

個々にイヤホンでラジオを聞く同期達。私は、父に買ってもらった携帯用のミニラジカセで、休みの日には時折、お気に入りの音楽テープを聞いていた。

プライベートも何もなく、七人もの同期が間仕切りのない相部屋で生活する。しかしこの頃にもなると、もう誰もラジオは聞いていなかった。同期と他愛もないことを話すことが楽しいのである。

最初は、ホームシックや、慣れない共同生活に戸惑い、一人になる時間を求めたが、いつの間にか、お互いに大切な家族のように思えるようになっていた。それでも、同期と面と向かって、ゆっくりと話した記憶はない。いつも靴を磨いたり、アイロンをかけたり、何らかの作業をしながら口だけ動かして会話をするようになっていた。

私の班の同期には、珍しく短大卒の者が二名もいた。当時の女性の自衛官は、そのほとんどが高卒で、短大卒の者は少なかった。キャピキャピと煩く、すぐにピーピーと泣く高卒組を尻目に、ほんの少しだが年上の短大組はいつも冷静であった。

高卒組をやや冷めた感じで見ていることもたまにあったが、しっかり者の短大組が、お姉さんぶりを発揮し上手くまとめてくれる。私達の班には性格の悪い者やズルをする者もなく、とても良いメンバーであった。

カラスはいいなぁ〜

毎日の自衛隊方式の掃除にも慣れ、床に這いつくばって、タワシで磨くことも日課となっていた。廊下の中央部分には、カーペットが敷かれていたが、居室にはカーペットはなく、新築の白く美しい樹脂製の床材が広がっている。亀の子タワシや金タワシ等、汚れにより使い分けて擦り、雑巾で拭き取ることの繰り返し。もちろん、こんな掃除は家ではやったことがなかった。自衛隊に入り、覚えた掃除方法である。床を汚さないように歩く方法など、皆で案を出し合い、話し合った。

そんなある日、婦人自衛官隊舎の裏の通路を掃除するようにと指示があった。通路に敷かれたコンクリートのブロックを掃除する。区隊全員が二列縦隊で通路に並び、ブロックの目地に生えている草や、落ちている松の葉などを丁寧に除去していく。

草むしりなど作業の際には、官給品である軍手を使用する。官給品の軍手は、ＯＤ色と呼ばれる、くすんだ深い緑色の手袋。自衛隊以外では、見たこともない色の手袋であった。その手袋は繊維質のため、松の葉は貫通し、何度も指を刺した。痛いよ〜。

課業終了が近づき、夕方の穏やかな時間。涼しい隊舎裏での作業。黙々とこなすが、指は痛い。なんで私は、東京でこんなことをしているのかな。段々と虚しくなってきた。頭上ではカラスがカーカーと鳴いている。思わず「カラスはいいなぁ、鳴いているだけで」と口走っていた。すると、なんとなく背筋に視線を感じた。振り向くと、班長が鬼の形相で、私の後ろに仁王立ちしている。

ヤバイ～、さっきの愚痴を聞かれていたのだ。「バカヤロー！　シロハト！　カラスがそんなにいいなら、カラスになっちまえ!!」と、班長の怒号が響き渡る。カラスになれって班長……。

その後、作業が終わり、隊舎に戻ると、「桜ちゃんのカラス事件」といわれ、皆が私の顔を見る度に「カー」と鳴いてはクスクスと笑った。

後から考えると、かなり笑える怒られ方だか、班長は真剣に怒りまくっていた。特に教育隊では、愚痴をいったり、ふてぶてしい態度をとることは、御法度である。班長は絶対なのである。

第7章 いざ東富士演習場へ

バディーが倒れた!

ある日、富士山での演習に備えて説明を受けた。日程及び経路、行動内容や、持ち物等、事細かに説明される。途中、区隊付きなどの男性陣は席を外し、女性特有の体調管理や処置方法などの説明も受けた。

訓練の状況中は、トイレもないとのこと。女性が野山に長期に行くことは、大変なことなのだと気付いた。それまで何とも思っていなかったが、段々と現実味が増して行く。

初めての演習である。示された装備品の他に、着替えや洗面具、消耗品など準備だけで大忙しであった。遠足に行くのではない、もちろん、お菓子は持ち物に入らない。

背嚢（はいのう＝リュックサックのこと）や衣嚢（いのう＝衣服などを入れる、大型のスポーツバック）の中も、ゴミ袋を広げて防水処置をし、その中に着替えやタオル類を、一回分毎にそれぞれナイロン袋に小分けして二重に防水処置して入れる。

ナイロン袋から空気を抜いて小さく圧縮して入れないと入らない。また、使い勝手を考えて詰め込まないと、毎回全部荷物を出す羽目になる。私は学生の時から旅行が大好きであったが、いつも大荷物で要領が悪かった。

同期と同じ荷物のはずなのに、衣嚢はすぐにパンパンになり、チャックで中の防水用のゴミ袋を破ってしまう始末。何度も何度もやり直し。遂にはバディーが見兼ねて、荷物の詰め方を教えてくれた。アパレル関係でアルバイトをしていたというバディーは、洋服の畳み方がとても上手かった。小さく美しくまとめる方法を伝授され、何十年経った今でも、役に立っている。

演習はキツイぞと何度も班長から聞かされている。こんな荷造り一つで手ほどきを受けている私は、ほんとうに最後まで乗り切ることができるのだろうかと日増しに不安になってきた。

前期教育最大の山場である集大成の富士演習に出発する日。朝早くに緊張した面持ちで、全区隊が婦人自衛官隊舎前に整列する。天気は、どんよりと小雨が混じる寒い朝であった。

隊長の訓示が終わったと同時に、前の方で「キャー！」と悲鳴が上がった。何事かは、最後尾の私からは見えなかった。一旦、解散となり、前の方に行くと「桜ちゃん大変だよ！」と同期が駆け寄ってきた。理由を聞くと、私のバディーが倒れたとのこと。えっ？　と私は驚いた。「顔色が真っ青になってたよね～」と、同期が口々に話している。私は、居ても立ってもいられなくて、一目散に部屋へと走り出した。

息を切らし駆け上がると、ちょうどバディーが運ばれて来るところだった。バディーは、娯楽室と呼ばれる共用の畳の部屋に寝かされた。「どうしたの？　大丈夫？」と声をかけると、バディーは力なく微笑んだ。バディーは、高熱を出していたのである。昨日まで、あんなに元気だと思っていたのに……。

日頃から、少々しんどくても「大丈夫です」が口癖の私達。バディーは、無理していたのだと初めて知った。私は相方として体調不良に全く気付いてあげられなかった。ごめんね、ごめんねと涙が溢れた。班長の他、区隊長や当直さんが、受診の手続きなどを話し合っている。

ほどなくして、バディーの演習荷物が部屋に戻ってきた。アッ……演習、行けないんだ。この演習を目標として、皆で一丸となり頑張ってきたのに。バディーの気持ちを考えると、胸が張り裂けそうだった。

班長に「熱が下がったら、途中から参加するんですか？」と聞くと、車両の手配ができないから、無理だという。その時、私は気付いた。共に信頼し、助け合ってきたバディーがいない。私一人だけでの演習参加。バディーが心配なのと、体調不良に気付けなかった自分を責める気持ちと、離れる淋しさと、バディーのいない演習に対する不安とで、私は泣きじゃくっていた。班長が「シロハト、行くぞ」と肩を叩く。バディーは、「頑張って」と声をかけてくれた。廊下で班長が、「バディーがいない分、班長がフォローするから心配するな」と囁いた。班は何から何までお見通しであった。

外に出ると、班の皆が集まってきた「どうだった？　大丈夫？」。バディーは演習に行けないことを伝えると「大丈夫だよ、私達がいるけんね」と優しい九州弁が返ってきた。「私もいるっしょ！」と北海道弁。「私もいるじゃん」と、口々に方言で励ましてくれた。

そんな皆の気遣いに、思わず笑みがこぼれた。そうだね、私にはたくさんの同期がいるのよね、みんなありがとう。バディー、貴女の分まで頑張ってくるねと、居室の窓を見上げてから、私はトラックに乗り込んだ。

トラックへの乗車でひと苦労

私達、婦人自衛官新隊員課程、約一二〇名は、朝霞駐屯地を出発して、はるばる静岡県の富士山の麓に広がる「東富士演習場」を目指す大型トラックの荷台で揺られていた。

朝霞の訓練場への移動はほとんど徒歩であったが、時折、運がよいとトラックに乗れることもあった。乗り降りにも慣れていない私達は、それだけで悪戦苦闘した。

高さのあるトラックの荷台からは、梯子が下がっている。しかし、男性が使うことを想定しているのであろう、女性にとっては、とても高い位置である。班長の見本を見て、最初の足の位置、持つ場所、次の足の位置を覚える。班長にサポートしてもらって、乗り降りの訓練をするのであるが、これがなかなか進まない。

単に乗るだけであればなんとかできるのだが、銃を携行し、背嚢（はいのう）などを背負っていると、重くて重くて登れないのである。油断をしていると、前の者が重い背嚢を背負ったまま降ってくる。先が詰まるのと、梯子にしがみついたまま、腕がプルプルとなり「は……早く進んで～」と泣きそうになる。

また、降りるときも、前の者がきちんと降りたことを確認してから降りないと、飛び降りることになり、ぶつかったり、足を捻挫するなどの思わぬ事故が起きるのだった。そのため乗り降りをしている者は必死だ。必ず前後の者が手を差し出して、補助をするように指導されていた。

婦人自衛官教育隊の所有する車両は、さほど多くないため、演習への移動は、他部隊からの支援を受けていたと思われる。乗車だけで、かなりの時間を要したと思う。乗り降りに慣れている他部隊のドライバーから見ると、なんとも滑稽な風景だったろう。

乗車だけで四苦八苦しながらも、私達は滅多にないトラックでの遠出に皆大興奮である。移動間は、遠足のような気分であった。

荷台で荷物扱い――ドナドナ状態？

助手席には班長が座った。私達はトラックに乗ると言っても、シートのある席ではなく、荷台に詰め込まれるのである。私達はこのことを、ドイツ民謡の「ドナドナ」という歌の『荷馬車がゴトゴト子牛を乗せていく♪』という歌詞にちなんで、「ドナドナ状態」と呼んでいた。

しかし、私達には子牛とは違い、簡易な椅子が与えられる。トラックの両端の荷台の囲いに備え付けられた板の椅子である。その椅子は、跳ね上げ式で、人を乗せない時は畳んで格納できる。長い時間、板の椅子に座っていると、おしりが痛くなるが、それでもクッションはない。

人数が多いので椅子は満員となり、隣の者と前後にずれて、少しずつ座った。トラックの両端に座り、真ん中のスペースには、持参した荷物が積み上げられた。板の椅子は、エンジンの振動がまともに体へと響いてくる。道路のほんの少しの凹凸も感じられた。

道路交通法では、トラックの荷台に人を乗せてはいけないとか。私達は人ではなく、あくまでも「荷物」の扱いで乗せられているのである。もちろん、シートベルトなんて物はない。車が揺れる度に体が動く。その都度、椅子の端や、幌の枠を持ってしのぐのである。

まだまだトラックの荷台に乗ることに慣れていない私達は、車体が揺れる度に「キャー」と発する。軽くジェットコースター並みのスリルであった。それでも揺られはするが、子牛のように売られはしないだけマシである。

高速道路はさほど揺れがなく、一般道より快適であったが、時々揺れると「おぉ～」と声が上がった。キャーに慣れて、「おぉ～」といえるようになったことに気づき、皆で笑い合った。その後は面白がって、ずっと「おぉ〜」を連呼して、東富士演習場を目指した。トラックの幌は、演習の状況中や、パレードの時には外す時もあるが、普段は取り付けられている。東富士演習場に向かうトラックも、後部入り口の幌のみ外されていた。後ろの車から中が丸見え状態である。よく、一般道を走る自衛隊のトラックから自衛隊さんにジロジロと見られたと、防衛省に苦情が来ると聞いたことがある。

確かに、後ろに付いた車は、トラックの荷台から大勢の自衛隊員に見下ろされて嫌だろうなぁと思う。しかし、乗っている自衛隊員とすれば、どうしても外を見てしまうのである。中は緑色のホロに覆われ、電気があるわけでもなく、とても薄暗く、何もすることがないのだ。

また居眠りするにも、トラックの荷台に乗り慣れていない私達は、怖くて眠れない。入り口近くの者は、特に危険である。ホロはなく、一応、気休め程度のベルトが一本渡してある程度であった。落ちたら困るので、出来るだけ、入り口近くの席は座らないように空けた。

最初はおしゃべりしていた私達も、途中からは流れる外の景色を眺めて無口になった。全員、入り口の方向を見ている。後ろの車を見ているのではないのだけれど、ついドライバーさんと目が合う。

後ろの車のドライバーさんは、嫌そうな顔をする時もあるが、よく見ると全員女性だと気付いて、大概の方が驚かれた様子であった。ニコニコとされるドライバーさんには、微笑み返したり、小さく手を振ったりした。

男性隊員の視線

いつの間にか、高速道路を降りて、一般道に入った。遂に富士山の近くまで来たのね！　皆の顔が引き締まり、緊張感を感じた。演習場の近くの道路には、ちらほらと自衛隊車両が行き交っていた。

すぐに、演習場に行くのかと思っていたら、最寄りの駐屯地で下ろされた。食事の支援を受けるのである。朝霞駐屯地の他は、婦人自衛官教育隊の親部隊がある武山駐屯地にしか行ったことがなかった。朝霞駐屯地も、武山駐屯地も、女性の自衛官が大勢いて、大きな駐屯地である。ところが食事のために立ち寄った駐屯地は、女性の自衛官の姿はなく、小さな規模の駐屯地のようだった。

婦人自衛官教育隊の新隊員が大勢訪れたそ

の駐屯地は大騒ぎ。食堂に戦闘服姿の女性自衛官が長蛇の列を作っている。そこに一緒に並んでいいものか、困ったような駐屯地の男性隊員達。「WACだ！ WACだ！」と、遠巻きに私達を見ている。

食事が終わった者も帰らず、食堂の窓から中を見ていた。私達は、思わぬ食堂での食事にとても喜んだが、我先にと、窓にたくさんの男性隊員が張り付いているのにはとても驚いた。動物園の動物のような気持ちになった。班長からは、「お世話になっているのだから、失礼のないように」といわれた。班長、それにしても怖いです～。

当時は、まだ女性の自衛官は少なかった。女性の自衛官がいない駐屯地も多く、ましてや、こんな婦人自衛官の集団を見ることは、滅多にないことだったと思う。

毎年恒例の新隊員の演習ではあるが、その年により、支援を受ける駐屯地が違ったり、運搬食や携行食だったりで、毎回訪れるのではないようだ。

さすがに、声を掛けてくるような隊員はいなかったが、とにかく食事の間中、ものすごい視線を受けながら、落ち着かない食事をしたことを思い出す。

ついに演習場に到着

食事を終えて、ほどなくして、東富士演習場に着いた。演習場では、「廠舎」と呼ばれる、簡易な小屋で寝泊まりした。

コンクリート敷きで、ボロボロの小屋だが、二段ベッドが備え付けられていた。婦人自衛官教育隊では、シングルベッドだったので、二段ベッドに皆、興奮気味。一瞬、修学旅行のような気分になったが、もちろん演習である。

各人の荷物を掌握して、荷物を展開する。皆、バディーと一緒に、二段ベッドの上下に入った。しかしバディーがいない私はとても寂しかった。それでも、二段ベッドを広々と使い、贅沢な空間を与えられたと思うようにした。

その日は、訓練をしたのかどうか覚えがない。気がつけば夕刻となり、食事の時間となった。

訓練の内容は覚えていないが、食事だけはなぜか覚えている。その日は、携行食と呼ばれる缶詰のご飯だった。缶詰のご飯は、訓練の時にしか出ないので、新隊員は滅多に食べることがなかった。皆、興味津々である。

コンクリートの床に座り込むと、温められた缶詰のご飯とおかずが配られた。この頃になると、地面に座ることや、テーブルがない状態で食事することに抵抗はなくなっていた。ご飯は大きな缶詰で、二人一組で半分ずつ食べるように言われた。私も誰かと半分ずつした記憶がある。

缶切りは、缶詰に付いている、小さな簡易の缶切りである。自衛隊の缶詰の缶は、民間の缶より丈夫だと聞いたことがある。その小さな缶切りは、使い方が難しく、非力な女の子ではなかなか開けられない。缶詰を開けるのだけで一苦労し、ようやく待望の食事をする。

食事に使うのは、入隊当時に皆で揃えた野外用の折りたたみのスプーンとフォークセット。缶詰のご飯は「とり飯」だった。初めて食べた缶詰の「とり飯」は、とてもモチモチで美味しくて、すぐにペロリと平らげてお腹いっぱいになってしまった。こんなに美味しいなら、毎日、缶詰でもいいなぁと思ったものである。

ご飯の片付けをし、その後はお風呂の時間である。演習場のお風呂って？　と思っていたが、廠舎に隣接する大浴場があった。

古い浴場であるが、山の中の演習場で、こんなお風呂に入れるとは思っていなかったので、感激であった。

同期とお風呂に浸りながら、「ねーねー、この窓を開けたら富士山が見えるのかなぁ？」「お風呂屋さんの富士山の絵じゃなくて、本物の富士山だよ！　それって凄くない？」と大盛り上がり。「でも夜だよ……富士山は見えないいんじゃない？」といわれて、そっか～と、窓を開けて富士山を見るのは諦めたのである。

いつも班長達に守られて、女性だけだと、恥ずかしいとか、気にもしていなかった私達。廠舎地区には、婦人自衛官教育隊しかいないとはいえ、教育隊には男性もいる。考えてみれば、窓を開けたら騒動が起きていたことだろう。

普段、婦人自衛官隊舎では、班長達は班長達用の別のお風呂に入っていたが、演習場では、うちの班長だけは一緒に入っていた。班長と裸の付き合いである。それには皆、感動していた。宝塚のようなボーイッシュな班長だったが、やっぱり女性だったと確認したのであった。

突撃に進め！

次の朝から、本格的に演習が始まった。新隊員の演習は、もっぱら現地での体験程度であるが、今まで訓練してきた成果を遺憾なく発揮するため、私達は真剣であった。

まずは、戦闘訓練である。「ドーラン」と呼ばれるクレヨンのような物で、顔をペイントし偽装する。班長から配られたドーランで、緑や茶色、黒などの色を顔に塗るのであるが、終わった後に落とすのが大変なため、なかなか大胆に塗れなかった。

普通のファンデーションとは違い、顔を洗っても洗ってもなかなか取れない。そのため、お肌が傷むのである。控えめに塗っては、班長からダメ出しを食らうのであった。

戦闘訓練をする場所は、いつもの朝霞訓練場とは違い、富士山の麓のだだっ広い天然の訓練場。朝霞の訓練場は、等間隔に綺麗な遮蔽物が並べられているが、演習場は勝手が違った。天然の地形を生かし、自分で判断して次の地点を選ぶ。どこまで進むか、進んだ後はどこで隠れるか、隣の同期から遅れないように、班長の号令に合わせて進んでいくのだ。

各人に番号がふられ、班長が番号で号令をかける。「一番、二番、三番前へ！」。指示が出ると、「一ばーーん！」と班長まで届く力一杯の大声で自分の番号を叫びながら、発進する。最初は「早駆け（はやがけ）」と呼ばれるダッシュ。遮蔽物の手前で匍匐前進し、段々と低い姿勢の匍匐へと移行し遮蔽物の陰に入る。

遮蔽物に着くと前方の敵を確認し、素早く射撃を開始する。他の仲間の前進を援護するのだ。このように射撃をする者と前進をする者が交代しながら、互いに援護し合いつつ敵陣に迫っていく。

更に敵陣に近づくと、もう射撃はできなくなり、匍匐でじりじりと進む。この辺りになると、極めてゆっくりとしか進まない。もどかしいスピードで、半分もがいているような状態である。あまりにも体力が消耗し、きつくて泣き出す子もいた。それでも泣きながら敵陣地の手前の凹地を目指して、ひたすら進むのであった。

やっと凹地に到着すると、ホッとして涙が出た。班長に到着の報告をすると、班長から突撃準備の指示を受ける。突撃準備とは、残りの弾が少なくなった弾倉を交換し、銃剣を小銃に取り付けることである。

「班長！一番、突撃準備良し！」「一番了解！」全員が揃うまでの間、わずかな休息で息を整える。

「各個に前へ！」の号令がかかる。

凹地を這い出して前進する。敵陣ににじり寄り「突撃に進め！」の号令がかかると、全員一気に起き上がり、射撃しながら突撃するのだ。走りながら射撃するのではなく、立ち止っては射撃し、また走るを繰り返す。新隊員課程であっても空包を撃った。

最後には「ヤーーー!!」と喊声を上げながら銃剣で突撃して状況が終わる。そしてまたスタート位置へ……息も切れ切れの必死な状態で、私達は富士の山を駆け巡るのであった。

アウトドア生活

演習場の廠舎での朝は、六月だというのに寒く、さすが富士山だと思った。起きると同時に布団の整頓をする。

シーツは自分の物を持参したが、毛布とマットレスは廠舎に備え付けの物を使用した。なんだか所々痒くて、同期は赤いプップツが出来ている子が多かった。「ダニだよね〜」といいながらポリポリ。それでも野営よりは遙かにマシである。

洗面は建物の外に出て、屋外の洗面所を利用する。横に長い洗面台に並びながら歯を磨く。冷たい富士山の空気と水に、一瞬にして目が覚めた。

トイレは水洗ではないタイプの物がたくさん立ち並んでいたが、長蛇の列であった。夜のトイレの使用は、薄暗くとても怖かったことを思い出す。夜は一人では行くなといわれていたため、「トイレに行く人」と声を掛けて、皆でトイレッアーに出るのであった。

その後、食事の準備を始める。食事は一日目を除いて、ほとんどが温食で、最寄りの駐屯地からの運搬食のようであった。温かい美味しい食事を自分の飯盒に入れる。コップも持参し、お茶まで配られた。

飯盒に盛りつけたご飯は、アウトドアな雰囲気でキャンプのようで楽しかった。残飯が出ないようにとの指示で、皆、残さずに完食した。朝からたらふく食べて、動けるのだろうかと心配になるほどであった。

掩体を掘る――トイレはその辺で……

本日の訓練は、個人用掩体（えんたい）と呼ばれる、いわゆる自分たちのタコ壺を掘ることから始まった。

班毎に個人用掩体二個を連結させる形を皆で協力して掘る。班長から示された場所を、掩体のサイズを頭で覚えておいて、エンピと呼ばれる携帯シャベルを定規代わりに使って、採寸していく。エンピを駆使して、地面に下書きをして、教科書どおりの掩体を掘る。「ここは何センチだったっけ？」「○センチだから、エンピの柄の長さの○倍だよね」と、覚え立ての知識を絞り出しながら、同期と共に作っていった。

朝霞の訓練場で練習した際は、土が硬くてとても掘りづらく、なかなか進まなかったが、富士山の土はとても掘りやすかった。それでも新隊員の女子だけで、自分たちの身の丈ほどある掩体を掘るのはひと苦労であった。

交代しながら掘り進んでいく。「もうこれくらいでいいんじゃない？」「いや、○○ちゃんの背が○センチだから、もう少し掘らなきゃ」と、ヒーヒーいいながら、半日がかりでやっと連結型の掩体を作り上げた。

綺麗に教科書どおりの掩体が作れたと自身満々に班長を呼びに行く。「班長！　できまし

おいしー
ザク
ザック
ひー
ザック

た♪」班長からは、よくやったといわれるかと思っていたけど「やっとできたのか」との返答。

他の班の状況はわからなかったが、どうも我が班は他の班よりも遅かったようだ。普通科の男性などは、一人でもっと早く掘るらしい。

朝から掘るだけで半日終わり、すぐに昼食。掩体を囲んで皆で摂る外での昼食は美味しかった。もちろん各人の飯盒に盛りつける。地面に置いたままの飯盒、配膳が終わるまではお預け状態で、食べる頃には埃やゴミが浮いていたり、冷たくなっていたが、それも演習の醍醐味？　誰も気にする者はいなかった。

食事が終わると、トイレタイム！　班長からは遠くに行くな、ヘビにも気をつけろといわれ、そしてその辺でとの指示。

えっ？　その辺で……。そうよね、何もない山の中だものね。

数人ずつ固まってボサの中に消えていく。「ここら辺でいいかな？」「ヘビいない？」「怖いから近くにいてね！」「見えない？」「紙はどうするの？」と、初めての体験に、皆ドキマギであった。

そこかしこのボサから、グループごとの様々な会話が聞こえる。とても時間のかかる一大行事である。とにかく演習中は、管理面からしっかりとしたトイレ休憩が適度に盛り込まれており、大変配慮されていたように感じた。

思わず叫んだ歩哨訓練

昼からは、偽装をして二人一組で午前中に作った掩体に入り、歩哨の練習をした。偽装は、戦闘服の上から着用した「偽装網」と呼ばれる網に草木を挿して各個に偽装する。だんだんと偽装も上手になってきている。

何度も教わった歩哨要領、しっかり覚えた教範の内容。普段の訓練では、なかなかできない歩哨の訓練だが、演習でその成果を発揮するのだ。班長からの指示を受け、右限界・左限界を復唱し、警戒の開始である。

何か敵情の状況が出るんだろうなぁ、小さなことでも見逃すものか！　絶対にいち早く見つけるぞ。勇んで警戒に着く。しかし、いくら目をこらしていても、何も変化はない。変化が起こると思い込んでいると、全く動いていない所が動いたようにみえたりする。

集中しているとだんだんと目がボヤけてくる。きっと前から見たら、真剣なまなざし過ぎて、目が据わっていたことだろう。少しくらい車が通ったり、人がウロウロするのかと思っていたが、ついに何も起こらなかった。

私の見過ごしか？　ただただ、だだっ広い演習場が広がるばかりであった。

「班長……何も起こりません」とつぶやくと「敵がいるという想定なだけだ、いるつもりで監視を続けろ」。えっ？　そうなんだぁ、状況ってほんとうじゃないこともあるんだ。

しばらくすると、交代の者がやってきた。交代の者は、監視している地点を敵に悟られないために、低い態勢で静かに近づき、かかとのところをチョンチョンと叩くのが合図であった。二人の交代要員は、一人ずつ近づく。

監視に必死だったため、交代要員の接近に気付かなかった私は、いきなりかかとをチョンチョンと叩かれて、驚いて「ギャー」と叫んでしまった。もちろん、班長にはものすごく怒られたのであった。歩哨要員が叫ぶだなんて……あ～、やってしまった。恥ずかしいやら怒られるやらで、凹んだシロハト桜である。

交代要員は、ゆっくりと立ち上がり、前任者の肩越しに申し送りを受ける。私は、班長から習ったように、地点を指示して、現況を伝える。そして、先ほど班長から教わったばかりの「敵がいるという想定なだけ」も申し送ると、すかさず班長から「シロハトー！　そんなことまで申し送らなくていいんだ‼」と雷が落ちたのであった。本日二回目の失態であった。トホホ。

夜は同期とアメパーティー

新隊員の演習では、事故防止のために夜間の訓練はなかった。夕方以降は食事とお風呂と、銃手入れや靴磨きなどの時間である。自習や間稽古もないし、洗濯やアイロンもしなくていい。

思ったよりゆったりとした時間が持てた。ただベッドに転がると痒くなるので、できるだけコンクリートの上に座って過ごしていた。

演習間においても、戦闘訓練で空包を撃っていたので、毎日、射撃後の手入れがあった。私は銃手入れがとても嫌いだった。小さな「裁断布」と呼ばれる布きれに、油を付けて、「洗い矢」と呼ばれる細長い道具を銃口から入れて、中を綺麗にする。簡単にいうと油で汚れを落とすのだ。

普段の訓練では埃くらいしか着かないので、簡単に整備できるが、射撃後は、射撃の際のガスがこびり付いて、なかなか取れない。その上、他の部品もドロドロである。銃の中もだが、特に「規制子（きせいし）」と呼ばれるガスの調整部品は、とても汚れがこびり付く。油でいくらこすっても汚れは取れなかった。部隊配属後は、個人で工夫した便利グッズを使えたが、新隊員はそうも行かず、とにかくひたすら油で磨き上げるしかなかった。

銃の分解結合の際には、下に古い毛布敷く。その毛布との摩擦で汚れを落としたり、机の角にこすりつけたりと必死にそこにある物で工夫して磨いた。

銃の手入れができたら、班長の点検を受けて格納である。列に並んで何度も何度も点検でダメ出しされるのが嫌で、一発でOKをもらえるように、なかなか点検の列に並ばなかった。

もちろん一発OKが欲しいのもあったが、ほんとうは、磨き上げた後、銃身内に施された腔線（螺旋状の溝）を、銃口から覗くのが大好きだった。

万華鏡を覗いているような気分で、とても美しく艶やかな世界をずっと見ていた。班長からは「シロハトはいつもなかなか点検に来ないよな」といわれるほど、見入っていたのである。

私の嫌いな銃手入れであるが、ピカピカになると嬉しくて、銃に対し愛着さえも感じた。考えれば、この年齢の女の子で、鉄砲を撃ったことのある人なんてほぼいないよね……。すごいことしてるんだよね私。それが普通になってきている毎日を不思議に思った。

一日の終わりに、増加食（演習の時に出る、いわゆる間食）として、袋入りのアメが配られたことがとても嬉しかった。疲れた体に、甘いアメがしみ渡る。ベッドを机にして、同期と「アメパーティー」と称して、ささやかな至福の一時を過ごした。

あの美しい班長がっ!!

演習場での夜は、一人歩きをしないようにいわれていたが、ある夜、私は係だったため、班長に明日の指示を受けに行かねばならなかった。班長達の宿舎は、私達との場所とは違うところにあり、そこまで行くことになった。「桜ちゃん大丈夫？　一緒に行こうか？」という同期に「大丈夫だよ、近くだし」と、一人で出掛けた。

演習場の夜は、街灯などなく真っ暗であった。六月の冷たい空気が心地よい。懐中電灯を頼りに班長達が居る廠舎に向かう。私達の廠舎から漏れる明かりと声が遠ざかり、静かな場所まで来ると、班長達の廠舎が見えてきた。班長の部屋はどこだろう？　ちょうど、木のドアが半開きになって、明かりが漏れている場所があった。あそこかな？　ドアの隙間からそっと中を覗いてみた。

私の班長ではなかったが、隣の班のお人形のように美しい班長が椅子に腰掛けているのが見えた。班長を呼ぶには、ドアを開ける前に「シロハト二士は○○班長に用件がありまいりました」と大きな声でいわなければいけない。

声を発しようと思った時、お人形のように美しい班長は、椅子の上であぐらをかいて、鼻をホジホジし始めた！

ヒーーーー。私は見てはならないものを見てしまい、青くなってしばらく固まった。その後、そっーと後ずさりして、その場を離れたのであった。

あまりの光景を目撃してしまい、一目散に逃げ出した。昔話のやまんばに出くわしたような気持ちであった。うそだ、憧れの班長が……。泣きそうな気分だった。青い顔をして息を切らして走って帰ってきた私を見て、廠舎にいた同期は「桜ちゃんどうしたの？」と聞く。「ううん、何でもないよ」とごまかした。

こんなことといえるはずもない。何しろ、この頃の私達の中の班長という存在は、憧れであり、雲の上のような人で、いうならば生活感のないアイドルのようなものだった。勝手なイメージを持っていただけに、かなりショックを受けたのであった。

今から考えると、班長だって生身の人間である。こんなことくらいでショックを受けた私は可愛かったなと思う。

結局、自分の班長からの指示受けもできずに、毛布を目深にかぶって、見なかったことにしよう、もう忘れようと就寝したのであった。

そして長距離行軍へ

次の日は、東富士での演習間いよいよ最後の行軍だ。廠舎の前での点呼を終え、朝早くからの出発であった。大型のトラックに揺られて、富士山の五合目まで上った。一般道のようで、アスファルト敷きの駐車場には、売店もあった。

今日は、ここから最後の難関、長距離行軍を行なうのである。緊張感のある中、駐車場に各区隊が整列しだす。

すると突然、班長の怒鳴り声。「シロハト！ なんで背嚢をからってないんだ！」と怒られた。えっ？ 何？ 「からえっていってるだろう！」「今すぐ、からってこい！」……班長、「からう」って何ですか？ 自衛隊用語ですか？ あまりの剣幕に怖くて聞き返せない。からうって何のこと〜。なんとなく、背負うことなのかなと背嚢を取りに行く。

戻ると同期が「桜ちゃん、からうってわからなかったでしょ。班長、九州弁で怒ってたし」とクスクス笑っている。なんだぁ九州弁だったの？ 班長、わからないですよ。

長距離行軍は、演習最大の山場であり、管理面などから班長達は、いつもに増してピリピリとしていた。後に笑い話で〝からう〟の件を班長に話すと「そんなことあったっけ？　スマン、スマン」と爆笑していた。

そうこうするうち、偉い方の訓辞が始まり、注意事項などを受けた後、婦人自衛官教育隊の新隊員一同はは明るく元気に「長距離行軍」に出発したのであった。

行軍は、この演習間で最も過酷な訓練だと聞いていた。携行品は背嚢と銃。背嚢の中には入れ組み品と呼ばれる、最低限の荷物が入っている。

その中でも、個人用天幕とその支柱や杭はとても重かった。それに加え、腰にぶら下げた水筒も満水である。総重量は、軽く一〇キロくらいはあるだろう。それらを担いでの長距離行軍。

背嚢は、背中の上部に密着する方が軽く感じ、肩への負担も軽減するといわれている。背嚢も例外なく男性基準で作られた大きさのため、負い紐を最大限に短くしても、小柄な女性の自衛官の場合には、だらりとぶら下がるような状態となるのだ。そのため、出発前に班長が負い紐の上部をロープでくくり、応急的に調整してくれた。

それでも隙間ができ、背嚢が安定しなかった私は、肩と負い紐の間にバスタオルを挟んで挑んだ。女性の自衛官においては、体型に応じ、装備品に様々な工夫をしなければいけなかった。

行軍は、富士山の五合目からゆっくりとした行進速度で、一区隊から順に一列となって歩いていく。基本教練での歩幅は、男性よりもほんの僅かに女性の方が狭い。

身長一七〇センチを超える先頭の者はその歩幅でよいのだが、最後尾を歩く一五〇センチ程度しかない私には広すぎて、いつもついて行くのに必死であった。しかし、行軍ではとてもゆっくりと足並みを揃えることもなく、チョコチョコと自分の歩幅でついて行くことができた。

ちびっ子、大丈夫か？

先頭の一区隊が出発してから、ずいぶんとして私達の区隊は出発した。前方で班長の号令が聞こえた。さぁ歩くぞ！

新隊員の行軍は、特に敵の脅威は想定せずに、単に徒歩での長距離移動の訓練であった。最初は、起伏がさほどきつくない山道が続いた。朝霞の訓練場での予行行軍では、延々と歌を歌ったが、富士山では歌うことは少なかった。さすがに山道では息が上がり、体力消耗に繋がるのである。それでも、歌ったことには違いない。

みんなで歌える歌は三種類ほどしかなかった。「婦人自衛官教育隊隊歌」、「友よ」、「空の神兵」。入隊当初に配布された歌集には、他の歌もたくさんあったのだが、班長が教えてくれたのは、この三曲である。なぜ班長がこの歌を選んだかは、未だに謎である。

当時の婦人自衛官教育隊隊歌は、少しレトロで暗い雰囲気の歌だった。後半は、恐ろしいほどの高音で、裏声でないと歌えない歌である。（現在の女性自衛官教育隊隊歌は、昔の歌詞

を用い、平成五年に新たなメロディーとなっている）

隊歌で行軍するのは、厳しかった。行軍のピッチに一番合うのは、「友よ」という歌であった。その歌詞は、互いに同期を大切に思い、信頼しあった今の私達にピッタリの内容であった。ことあるごとに、この歌は歌われた。行軍の時も何度も歌ったのである。後に知ったことであるが、男性隊員は、一般的に行軍中に歌は歌わないのだそうだ。私の班長は一班長で、一班長とは班長の中での先任者である。自分の班員のみならず、区隊全体に気を配る。班長は、先頭から何度も走ってきて「ちびっ子、大丈夫か？」と、後方に位置する私たちに声をかけてくれた。「はーい！　大丈夫です」と私達も大きな声で返答する。

歌の次は、レンジャーコールと呼ばれる掛け声もあった。歩きながらのレンジャーコールは普段はあまりないが「ファーイト、ファイト！」と班長がいうと私達も同じように「ファーイト、ファイト！」と続ける。「ファイト、ファイト、ファイト！」、「ファイト、ファイト、ファイト！」、「今日も（今日も）頑張る（頑張る）」、「精強○区隊ーー!!　ファイト（オー）ファイト（オー）ファイト（オー）」。疲れが出そうなところで、班長が気合を入れてくれる。

上り坂での歩き方は、内股で上ると疲れにくい。下り坂では、ガリ股で歩くと滑りにくいなど、山道ならではの歩き方も学ぶ。

私たち後方のちびっ子は、とても元気であった。苦しい訓練であったはずなのに、ハイキング気分で、ずっとニコニコしていた気がする。カメラマンが来ると、「イェーイ」と元気にピースサインを送る。私の後ろには、三班長が通信機材を背負って歩いている。

三班長は、あまりに元気な私達に呆れながら、この元気はいつまで続くのだろうと心配していた。しかし三班長の心配をよそに、私達は最後まで有り余る元気を貫き通し、誰一人脱落者を出すことなく、長距離行軍を無事に終えたのであった。

ご褒美はバーベキュー！

演習の最終課目を終え、富士山最後の夜は、バーベキューパーティーが待っていた♪

各班毎に、コンロを囲む。富士山の夜は寒いので、外被と呼ばれる防寒着を着込んでの野外炊事であった。

私達の班には、区隊付がゲストとして着席。区隊付は、区隊唯一の男性であった。大人しく口数の少ない通信科職種の年配の男性自衛官だ。いつも控えめで、たまに班長達に助言を求められてもウンウンとうなずく程度だった。しかし、いざという時の大黒柱のような存在であった。

特に印象に残っているのは、半長靴の靴紐を編み上げるのが、とても早かったことだろうか。あまりにも早いので、皆が「区隊付かっこいい〜」というと、ふっと笑い「普通だよ」と、照れ隠しのようにポツリと話す姿は、クールな印象だった。

この区隊付が、新隊員の教育期間だけの臨時勤務だったのか、本属だったのかは定かではないが、婦人自衛官教育隊に配属される男性隊員は、そのほとんどが妻帯者である。たまに新隊員の繁忙期には、独身の男性も臨時勤務で来ることもあるが、やはり、女性が相手の教育隊のため、間違いのない安全なタイプの男性隊員が選ばれるようであった。

区隊付とは、じっくりと話したことはあまりなかったので、ここぞとばかりに、皆は、区隊付に話しかける。それでもいつものニコニコでかわされて、バーベキューの間も「焼き係」に徹していた区隊付。交わす言葉は「焼けたぞ」「いただきます」だけだったように思う。私達が焼いて区隊付をおもてなしするという心遣いは、まだ備わっていなかった。

しばらくすると、出し物が始まった。もちろんお酒が入っている訳ではない。先陣を切って歌い始めたのは、私達の班長であった！　隊歌を教えるのも班長。班長は歌がとても上手かった。

班長は、男性アイドルの曲「仮面舞踏会」を熱唱した。その周りに区隊全員が集まり、手拍子と声援を送った。アカペラで乗り乗りで踊り付きの班長。普段の何事にも厳正な班長からは、想像もできないほどの弾けぶりであった。その傍らでは区隊長が頭を抱えてうなだれている。

班長の歌は大盛況であった。次は、どの班長かと期待したが、恐れをなしたのか他の班長が歌うような気配はなかった。初めて目の当たりにしたＷＡＣの宴会芸であった。私達はまだ芸はなかったので、武山の第一教育団の記念日で踊った歌を披露。ポンポンは持ったフリをして、ダンスとともに大合唱。途中からは近くにいた他の区隊の者も入り乱れて、大勢での合唱へとなっていった。

楽しいバーベキューパーティーは、あっという間に終わったのだった。そしてこの班長の宴会芸が、その後、末永く私の自衛隊生活に影響を及ぼすことになろうとは……。

高速のサービスエリアで売店を占領

朝になると、さっさと帰り支度である。出発のための積み込みに追われ、廠舎を掃除し、忘れ物はないか確認する。富士山を眺める余裕もない。自衛隊は撤収作業は早いのである。すぐにトラックに乗り込んで一路朝霞駐屯地へ。この時の私は、また富士に舞い戻ってくるなどとは思いもしなかったのである。

途中でサービスエリアに立ち寄るという思わぬサプライズが待っていた。トイレ休憩だけでなく、買い物もして良いとのこと。私達は一目散にトラックを降りた。

戦闘服のままトイレに行くと、一般の方がギョッとされている。よく見ると女の子の集団だ。しかもかなりの数。一般の方は何事かと遠巻きに見ている。まだまだ自衛隊は嫌厭されていた時代であった。

私達は、そのままお買い物へ。サービスエリアの売店には、緑の服を着た女の子が溢れ返っていた。皆は実家へのお土産物を買ったり、フードコートに詰め寄っていた。私は、熱でこの演習に参加できなかったバディーにお土産を買った。喜んでくれるかな？

この演習での思い出は、とにかく班長に怒られまくったことである。いつもに増して、ドン臭いことばかりして怒られた。それでも同期との絆もより一層強くなり、今まで一生懸命訓練してきた成果を遺憾なく発揮できたと思う。全般を通して、訓練が苦しかった思いはない。それよりも、素直に楽しかったのだ。私は自衛官としては、規格外の体格であったが、根性と体力だけは人よりあったのではないだろうか。それは学生時代の陸上部での経験が役に立ったのだと思う。

今から思えば、班長に怒られまくっていたが、その分、班長が私を見ててくれたということだ。バディーのいない私をずっと気にかけてくれていたのだろうと、この記事を書いていて気付いた。やはり班長は立派な人である。

演習から帰ると、元気になったバディーが「おかえり～」と出迎えてくれた。誰も居ない演習中は、当直さんのお手伝いをして過ごしたそうだ。寂しかったでしょうという私達に対し「演習に行かなくて楽だったわ」と強がるバディー。ほんとうは一緒に行きたかったよね。富士山のお土産買ってきたよ。

演習が終われば、後はカウントダウンで日々は流れていった。装備品などの返納のための整備や、個人の荷物の整理。大掃除の計画など、様々なことに追われる。教育も、大した課目はなく、座学の精神教育などが増えていった。修了式に向けて着々と進んでいく。それは、同期との別れを意味するのであった。

区隊全員で夢のディズニーランドへ♪

土日の外出については、区隊の何パーセントかは残らなければいけない決まりがあった。そのため班全員で出掛ける事は皆無だった。誰かが、「記念に皆で出掛けたいね」といい出した。そこで班長に相談してみると、区隊全員で出掛ける話に発展した。しかも観光バスでのディズニーランド行きが決定したのだ！ 区隊長を始め、班長達も全員参加は夢のようであった。

ある週末、立派な観光バスが婦人自衛官教育隊に横付けされた。自衛隊の大型バスではない、ガイド付きの豪華な姿婆のバスだ。私とバディーは、班長達の席に近い、前方の席を陣取った。バスが発車すると、早々にガイドさんを押しのけ、ガイドを始めたのは班長であった。班長が持参したアイドルの曲が流れ出すと、歌の始まり始まり。ディズニーランドに着くまで大盛り上がりの班長のパフォーマンスは続いた。

ディズニーランドでは、あいにくの雨だったが、そんなの何のその。滅多にない班長達との私服でのお出掛けを楽しんだ。

班長とご飯を食べている時、ふいに班長が「ここ触ってみ！」といい出した。えっ？ 班長、ここって……胸ですよ。「いえいえ、いいですよ～」と遠慮する。私にそんな趣味はない。「いいから触ってみ」と、班長は無理矢理むんずと私の手を取り、班長の胸に押し当てた‼　ヒエッ～。あれ？　班長の胸は硬かった。女性とは思えないほどの素晴らしいマッチョだったのだ。「すごいです‼」と、皆も触りまくり大騒ぎ。班長をするには、こんな筋肉でないとできないのかととても驚いたことを思い出す。この班長の筋肉は、後にさらに進化し、世界へと羽ばたく原動力となるのだった。

区隊長のアイスクリーム

教育終盤は、訓練はほとんどなくなり、上衣は三種夏服と呼ばれる制服兼作業着半袖に、下はジャージで過ごすことが多くなった。夕方早くに課業が終わることも増え、皆は区隊長からのアイスクリームを期待した。

そんな時は決まって、ボロボロの木造隊舎の裏で夕涼み。「もしかしてを期待して～」と声を揃えて、胸元で手を組んで乙女の祈りポーズとキラキラの目で、一斉におねだりする。区隊長も、なんとなくわかっているはずであった。大袈裟に「なんだ～お前達、いつからそんなことを覚えたんだ」と笑いながら、「しかたがないなぁ～、班長、買って来い」といってくれるのである。

キャー！　ヤッター！　と騒ぐと「シー！　静かにしろ！　まだよそは課業中だぞ」と怒られるのもいつものこととなっていた。待っていましたとばかりに、一番下っ端の三班長がＰＸと呼ばれる売店まで走って買いにいく。アイスクリームは何よりも私達にはご馳走であった。区隊長を囲み、静かな隊舎裏での楽しいひととき。アイスの後は決まって合唱が始まる。

こんな日がいつまでも続けばいいのにね。苦楽を共にした大切な大切な同期。そろそろお別れの時が近づいていた。

第8章
前期教育修了

職種・配属先の希望調査が始まる

朝霞の婦人自衛官教育隊での教育も残りわずか。そろそろ職種と配属先の発表が行なわれる時期となった。

新隊員教育は前期の基礎的な共通教育と、後期のそれぞれの職種の特技教育とに分かれる。ここ朝霞の婦人自衛官教育隊は前期教育であり、この後に続く後期の教育へと羽ばたいて行くのである。

勤務地や職種は、一応希望調査がある。しかし、希望が必ずしも叶うとは限らない。また、職種毎の適性というものがあり、どれほど熱望しようとも適性がなければどうにもならないのである。その他に持っている資格や特技なども、振り分けの際に考慮されることがある。

入隊当初に適性検査を受け、その時点である程度将来が決まる。ある日、薄暗いガランとした食堂に集められ、全員一斉に適性検査を受けた。大音量のマイクでの説明と問題を聞いていたら、だんだんと眠くなってきた。今から考えると、通信職種の適性検査だと思われる問題が出た際に、ボケ～としていて説明を聞きそびれたまま検査が始まり、訳がわからないまま終わったことを思い出す。あの時の解答が原因で私の通信科職種行きはありえないとは、この頃の私は全く気付いていなかったのである。

希望調査は、勤務地と職種と優先を付け、それぞれ第三希望まで書くことができた。この頃の女性の自衛官の職域は、まだまだ拓けておらず、後方勤務の事務職系がほとんどであった。体力系の職種としては、施設科や輸送科くらいであったろうか。

体力系の職種は大変人気があり、高嶺の花であった。特に輸送科職種は、大型免許が取れるとのことで憧れる者が多かった。しかし、輸送科職種を希望する場合は、免許取得の関係で、誕生日の制限があった。残念ながら私は輸送科職種を希望できる条件を満たしていなかった。

現代では、女性の自衛官も全職種配属できるようになっているそうだ。普通科職種においても、第一線で戦うナンバー中隊の軽火器特技の女性自衛官がいるらしい。ただし機甲科職種では、戦車には乗らずに事務職だという。歌にある「女は乗せない戦車隊」という言葉は健在なようである。

その他に女性自衛官が未だに配属されない所は、機甲科の偵察隊と普通科の空挺部隊などで、レンジャー隊員もいないとのこと。また今のところ、化学科職種にも女性の自衛官がいない（東京地方協力本部からの回答）そうである。母体としての女性の体に配慮されているのかもしれない。

第一希望は通信科職種

ある日、班長の面接があった。個別に班長と何を話すのだろう。もしかしたら新隊員後期の行き先を告げられるのではないだろうかと囁かれ、私達は不安であった。「シロハト二士、入ります！」と、班長との面接会場のドアを開ける。いつになく班長は優しかった。何をいわれるのだろうとドキドキしていると、班長は教育全般で困ったことはなかったかなど、いくつか質問した。

特に悩んだことや困ったことがなかった私は「特にありません」とすぐに流した。最後に班長は、「シロハト、どんな自衛官になりたい？」と聞いた。私はすかさず「はい、班長のような自衛官になりたいです！　みんなに信頼されて、みんなのお手本で、みんなの憧れになるような、そんな自衛官になりたいです」、「それと父の階級を超えるような自衛官になってみたいです」といった。

ほんとうに班長に憧れて、班長のようになりたいと思っていた。自衛官である父に対しては、今まで身近であった自衛官ではあるが、入隊してみて初めて自衛官の大変さを知った。

それを何十年も続けている父は偉大な存在だと思った。そして、自衛官への道を勧めてくれた父に感謝する三ヵ月前の私とは違う私がそこに居た。

目標としてはどちらもとんでもなく高く、今考えると顔から火を噴きそうだ。何も知らない新隊員だったからこそ堂々といえたのだろう。班長は終始ニコニコとしていた。「よし、シロハト、次のところでも頑張るんだぞ」。「はい！　班長、シロハト二士は頑張ります」。それだけで面接は終わった。

次の任地を発表されると思っていただけに拍子抜けしたのだった。ただ希望が通らない者や、細部調整が必要な者には、それなりの希望確認があったようであった。

配属先を想像してドキドキする日々が続いた。夢と希望に満ちあふれながらも、同期との別れが近付いているという何ともいえない不安な日々。新任地はどこだろう？　陸上自衛隊は北から南までたくさんある。聞いたこともないような僻地に行く可能性も大いにあった。寒すぎる所だったらどうしよう、暑すぎる所だったらどうしよう。

私達の期は九州出身の者が多く、そのほとんどが九州には帰ることができなかった。僅かに、親元にどうしても帰らなければいけない特殊事情のある者だけが配慮された。入隊するにあたり、どこに行っても良いと覚悟はしているものの、やはり不安でいっぱいであった。

私は勤務地を優先とし、職種については二の次であった。父からも勤務地を優先しろといわれていたので、迷うことなく第三希望まで自宅近くの駐屯地を書いた。できることなら田舎に帰りたい。東京に出てきた頃は、親元を離れ一人前の大人になったような気分で都会を

満喫したかったが、やはり故郷が恋しかったのかもしれない。離れてみて親のありがたみも感じた。勤務地がどこになってもしかたがないが、これで私の人生が決まるような気分であった。

職種の希望については、通信科職種を第一希望とした。その中でも、007のようなかっこいいイメージの素敵な特技を発見し、それに憧れたのである。しかし前にも述べたとおり、適性検査で大失敗をしていた私が通信科職種になることはなかった。

職種を選ぶにあたっては、事前に「職種紹介」という教育があった。各職種の代表が来られて、それぞれの職種の特徴や良いこと、実際にどのようなことをするのかなどを説明された。

男性の場合、普通科は人員枠が多いのにあまり人気がないらしい。やはり普通科はキツイというイメージであろうか。男性に人気なのは花形である機甲科や、各種免許が取りやすい輸送科・施設科、後方職種の会計科職種などだそうである。班長等はどうにか普通科を希望させようと、様々な口説き文句を並べる時があるとか。

例えば「戦車の分解結合や武器手入れがどんなにしんどいか想像できるか？」だとか、「学校でも商業科や工業科よりも普通科に行きたいだろう？」とか、何やかんやとかなり苦しい説明をして、普通科を希望したいように誘導する場合があったと聞くが、私達への職種紹介では、特にどこが良いなどの誘導はなかったように思う。それぞれに魅力があると感じた。

因みに、入隊前に地方連絡部（現在は地方協力本部）の方から「オペレーター」や「エンジニア」「受付嬢」になれると聞いて、横文字に胸を踊らせていたが、どうもオペレーターとは基地通信隊の電話交換手のことであり、エンジニアは施設科隊員のこと（実際に施設科や施設科隊員を、英語ではEngineerと訳す）で、最後の受付嬢に至っては、駐屯地の門で出入りする者をチェックする警衛隊の単なる受付業務であったのだと、大分後になって気が付いた。そして騙された訳ではないのだが、わざわざそんな表現をしなくても良いのにと、何だか笑えてきたことを思い出す。

まだまだ自衛隊の社会的地位は低い時代で、特に男性については募集難が続いていた頃の話である。現在では男性も入隊するのが難しく、女性においては約五〇倍ほどの倍率をくぐり抜けて入隊してくるともいわれている。昭和の終わりの時代でも、女性は約一〇倍ほどの倍率があったが、今であれば私は入隊できていないだろうと思う。現在のＷＡＣがどれほど優秀であるか明らかである。

発表の時——予期せぬ会計科に

そうこうするうちに、いよいよ職種発表の日を迎えた。どのように発表されたか何故か覚えていない。たぶん個別に呼び出されて班長から聞かされたのだと思う。

私は勤務地優先の希望どおりで、第一希望の実家近くの駐屯地に決定した。ヤッター田舎に帰れる！ 班長ありがとうございます。しかもなんと父と同じ駐屯地となったのである。早速、実家に電話を入れたらとても喜んでいるようであった。父も一安心したことだろう。

しかし同じ班の同期は九州出身の者が多く、誰一人として地元には帰ることができなかった。私一人だけ喜んで良いものかと思っていたら、「最初から帰れるとは思ってなかったけん大丈夫よ」と優しく声をかけられた。

職種については、予期せぬ「会計科」となり、駐屯地の会計隊に配属されたのだった。特に商業学校を出た訳でもなく、簿記などの資格も持ってなければ、そろばんさえも得意でない私が会計科……大丈夫だろうか、やっていけるかしらと不安になった。会計科の後期教育場所は、小平駐屯地にある業務学校（現在は小平学校）であった。

昭和の終わりが近付く私達の時代より少し前の先輩方の時期は、年に三回ほどＷＡＣが入隊し、女性の自衛官が急増された時期があった。いわゆる季節隊員と呼ばれた期である。その頃にずいぶんと女性の自衛官が配属される職種が増えたといわれている。それでもまだ後方部隊への配属が主で、通信科職種、会計科職種、需品科職種などが多かった。

その期により職種枠は異なり、私達の期には需品科職種はなかったように思う。少なくとも私の区隊には需品科職種へ行った者はいなかった。私の期は会計科職種の者は多く、商業学校を出ていない勤務地優先の私など、その他の受け皿となったのではないかと思われる。

班で仲の良かったちびっ子仲間も同じく会計科職種だとわかり、後期教育も一緒だねと喜んだ。バディーは通信科職種となった。私が配属される部隊の駐屯地にはＷＡＣ隊舎がなく、最寄の駐屯地からの通勤となるとのこと。同じ班の同期が「桜ちゃん、駐屯地は違うけどWAC隊舎は一緒だよ」と喜んでいたのもつかの間、聞き間違えで一文字違いの全く違う駐屯地だと後になって判明した。同期はかなりショックを受けていたが今となっては笑い話となっている。

後で考えると、なんとなく各職種の大本である学校には、特に優秀で美人が選ばれていたように思えた。特に通信科職種は美人が多かった印象である。昔から女性の自衛官が多かった通信科職種には、人事においても力を持っていたのだろうかと勝手な想像をしたものだ。また輸送科職種については高嶺の花だったため、優秀なのはもちろんのこと、班長の推薦がないと選ばれないらしい。当時は一班長が絶大な発言力を持っていたといわれており、一班長のお気に入りであるほど有利だったような気がする。例外なく私の期も輸送科職種へは一班の者が行くこととなった。

その他には、婦人自衛官教育隊に新隊員から配属される者もたまにいる。昭和の終わりにはバレーボールが得意な者が重宝されたそうである。現在の選考基準は、大変優秀でありスラリと手足が長く、女性自衛官のモデルとなれるようなスタイルの者が良いと言う噂がある。その上、輸送科職種で将来ドライバー要員となれる者が最良とされるらしい。おまけにとびっきりの美人ではなく、スレていない素朴な雰囲気のWACが求められる傾向にあった。私の時代には、隣の区隊のちびっ子仲間が選ばれており、相当優秀であったのだなと後で思ったものである。

しかし優秀な者もいればそれなりの者もいるのが現実。優秀な者とそれなりの者を組み合わせて抱き合わせで送り出すのは、よくある人事の常套手段であるが、女性の自衛官の場合にはそれにプラスして容姿も関係するとかしないとか……。特に女性の自衛官が少なかった頃は、広報の意味合いでの使われ方も多く、WACに求めるものが今とは少し違ったかもしれないと感じる。私も同期二人組で配属となったが、どちらがどちらなのかは何ともいえない。

私物の整理

職種と配属先が決定し、安堵感が広がり皆のソワソワ感はやっと落ち着いた。これから向かう次の後期教育へのステップアップに心満ちていた。

婦人自衛官教育隊での生活もあと僅かとなった。振りかえると三ヵ月前、着隊した数日後には、春には珍しく雪が降り積もり、寒いと凍えた朝霞駐屯地。そしてみごとな桜が舞い散る中での入隊式には冬制服を着て、武山駐屯地の記念行事には「夏服一種」と呼ばれるクリーム色のブレザーに白ブラウスとリボンの制服を着て参加した。そしてこの後の修了式には「夏服三種」と呼ばれる半袖の制服に身を包む。早いものでもうすぐ夏が来る。季節の移り変わりを制服の衣替えで実感したのだった。

修了式までの間にはやることが山ほどあった。まずは私物の整理だ。私物を入れる段ボール箱は一人一個までという決まりがあった。

私はみかん箱一個とボストンバッグで入隊したが、いつの間にか荷物は増えていた。普段は行かない「私物庫」と呼ばれる倉庫に段ボール箱を取りに行く。たくさんの棚に箱が整然と並んでいて、静かでひんやりとしていて気持が良い場所だ。

久々に箱を開けると懐かしい物がたくさん入っていた。フリフリの可愛い洋服とパンプス、ドライヤーとヘアスタイルを整えるスタイリング剤、好きだったアイドルのカセットテープ等。もう今の私には必要のない物ばかりであった。

日焼けし髪の毛は短くて、どう見ても小さな男の子のような私。なんだか悲しいような気もしたが、この後の後期教育にも関係なさそうな物は、実家へと送り返すことにした。新たな私となって後期教育へと旅立つのだ。

班長へジャージをプレゼント☆

最後の週末、旅行雑誌を買い込んで、仲良し同期と行き先を練った。同期と共に向かったのは原宿だった。東京の若者の街といえば、その当時は原宿だった。原宿の駅は若者と観光客でごったがえし。最先端のファッションとたくさんのタレントショップ、それとオシャレなクレープ屋さん。田舎にはない物ばかりだ。おしゃれとは無縁のように思える私達でも、どこにでもいるおしゃれに興味がある女の子なのだ。

でもほんとうに私が見たかったのは「タケノコ族」だった。ニュースで何度も見たダンスシーン。そんな人達が原宿にはいっぱいいるのかと思っていたが、ついに見つけることはできなかった。もう時代が違ったのかもしれない。

原宿に着くと、人混みに飲まれながらクレープ片手にお買い物。私は会計科職種で、後期教育が業務学校（東京都小平市）だったので、また来ることもできるのだが、他の職種の後期教育は東京ではない所もあった。最後の東京を満喫するため、途中から集合時間を決めて自由行動をすることにした。

私は以前から行きたかったタレントショップを目指し、そこで可愛いピンクのマグカップを購入した。それは教育期間、苦楽を共にした大切なバディーへの贈り物だった。ずっと使ってくれるといいなぁ。みんなそれぞれにプレゼントを買っていたようだ。

帰りの電車の中で「班長へも贈り物したいね」と誰かがいい出した。「それいいね、賛成！」良い案だったが、そう思った頃にはもう帰路。今日が最後の外出日だった。区隊のみんなで相談した後で、平日にプレゼントを買うとしたらどこがあるんだろう。皆の脳裏に浮かんだのは、「PX」と呼ばれる駐屯地内の売店だ。「PXかぁ〜」ため息が出た。現在ではPXも充実していて、便利なコンビニなどが入っている所が多いが、この頃はまだまだ田舎のお菓子屋さんに毛が生えた程度だったように思う。

最終的にはPXで買える物で検討した結果、班長にはジャージをプレゼントすることになった。自衛官だったら何着あっても嬉しいジャージ。でも普通の女子だったらありえないプレゼントだ。ジャージをプレゼントしたのは生まれて初めてだったが、班長はとても喜んでくれた。

銃の代わりにそろばんを

会計科職種の後期教育って、どんなことするのだろう？　きっと学校の勉強の続きのような座学ばかりだろうなぁ。

当時、自衛隊に入隊を希望する女子は少なかった。もちろん女性の枠が少なかったことはあるが、たぶん世間では、女性の自衛官がいること自体あまり知られていなかったのだと思う。自衛隊に対する地域の温度差も関係するが、少なくとも私が育った地域では、女性で自衛官を目指すことはかなり奇異なことだったように思う。

まだ公務員が安定職ともてはやされる時代でもなく、就職難だったわけでもない。事務職であれば一般事務というカテゴリでいくらでも仕事はあったからだ。婦人自衛官になれるだけの成績ならば、学校の就職援護は楽々と受けられるはずである。

それでも高倍率をくぐり抜けて自衛官になりたいと集まった女子のほとんどは、普通の事務職が嫌で、皆と違う変わった仕事をしてみたいと思っていた者が多かったように思う。そのため体力系の職種に人気が集中したのだ。男性の場合「普通科は人気がない」と聞いた時、なんとなく不思議に思ったものである。

普通科といえば、自衛隊を代表するような花形である。女性からするととても格好良く見えるのだ。普通科の女性枠がなかった時代の私達は、逆立ちをしても普通科などにはなれなかった。その頃、普通科枠があったなら、きっと高嶺の花となったことであろう。

職種紹介の授業で初めて会計科職種があることを知った。商業学校を出ている者の中には最初から会計科職種狙いの者もいたが、私は全く考えてもいなかった。突然「会計科職種」と告げられ大いに驚いたものだ。「事務の仕事だったら学校の就職援護でも同じだったのに」と思ったが、そこは腐っても自衛官。班長からは「会計科職種は演習にそろばんを持って行くんだぞ」と聞かされた。

えっ！ 山にそろばんを持って行くの？ 銃の代わりにそろばんを持ち、「その場に伏せ！」と号令がかかると、そろばんの音がシャカーンと鳴り響く。堆土に入ると「願いましては、一円な～り、二円な～り……」と計算が始まり金額の回答が合うと「ご名算！ 前へ！」との号令で、低い姿勢でそろばんをかかえてシャカシャカ音を鳴らしながら進む。そろばんを持っての匍匐前進をするのだと班長が話す。

うそ～、何それ？ なんだかとっても凄いわ会計科職種。事務の仕事といっても自衛官らしいことをするのだとワクワクした。でも最後はそろばんを持って、どのように突撃するのだろう？

実際は少し違うのだが、班長は次の後期教育へのやる気を出させるために、最後まで私達をサポートしてくれたのだ。

修了式の練習

修了式の練習が始まった。ついこの間、入隊式の練習をしたのにもう修了式。制服での練習が続く。「夏服三種」とよばれる半袖の制服の、肩章に略帽を颯爽と挟む。この布製の略帽は、ピン留めで髪の毛に留めるのであるが、入隊当初はＰＸカットの刈り上げ頭だったため、なかなかピンが留まらなかった。おまけにおかしなところにアイロンがけしてしまい、一人不思議な略帽となっていた。それも今では、なんとか一人前に略帽を被れるようになった。

入隊式では何度も何度もやり直した諸動作も、修了式の練習ではずいぶんと様になり、しっかりとできるようになっていた。「カッコイイよね私達と」思うくらいだ。それもこれも班長達の指導のおかげである。

もうこの頃には、食堂の行き帰りも班長なしで、自分たちだけで号令をかけて行くのが当たり前となっていた。「新隊員でも引率ができるようになるもんなんだなぁ」と今から考えるとたいしたものだと思う。

「前へ進め」だけでなく、「右向け前へ進め」など、難易度の高い号令にも挑戦した。特に面白かったのは「足を変え」だ。歩いている最中に右足と左足の出すタイミングを変える号令である。「足を変え―トントトン」とのリズムで足を変えるのでスキップのようになる。それを連続で「変え、変え、変え」と繰り返すとずっとスキップのようになるため、面白がって食堂までの道のりで連続技を披露するのだ。しかし、班長に見つかると当然怒られる。前後を確認してからこっそりと皆で楽しんだ。

涙、涙の別れ……のはずが？

修了式当日。晴天の旅立ちの日。一生懸命練習した成果を発揮した。練習の時と同じことをするのに、これが最後だと思うと緊張し、心臓がバクバクと鳴った。着席からの「気をつけ」の号令で一斉に立ち上がり、静かな講堂中に勢いよく短靴の音が鳴り響く。

国歌斉唱。何とも静かな音色が流れ出し徐々に力強い音色になっていく。心に染み渡るメロディーと女性の美しい歌声。ふいに泣きそうになったが我慢する。

式が終わりに近づき、婦人自衛官教育隊隊歌を歌い始めると、近くから鼻をすする音が聞こえた。歌声が涙混じりに変わっていく。みんな泣いているんだ。我慢していた涙が一気に流れ出した。式が終わるまで、みんな静かに静かに泣いた。

講堂から退場すると、涙目の同期と目が合った。「泣いちゃった」と苦笑する。これは涙の序章にしか過ぎなかった。

居室に戻り出発の準備にとりかかる。私達の期は、約一二〇名のうち通信科職種と会計科

職種が各五〇人とほぼ八割を占め、残りの僅かな人員がその他の職種であった。通信科職種の後期教育はそのまま朝霞駐屯地で、会計科職種は業務学校、その他の職種は遠くの駐屯地へ移動する者もいて、それぞれに班長が引率をして次部隊に引き渡す。

「〇〇ちゃんが出発するよ！」と同期が呼びに来る。一目散に外に出て一同でお見送り。

「元気でね」「手紙書くからね」「またいつか絶対に会おうね」「忘れないでね」と全員が涙のお別れ。なかなか出発できないのだ。班長達は恒例のことで慣れているのだろう、早くしなさいと引き離すことはせず、ずっと優しく待ってくれていた。

「さあ行くよ！」と声がかかると、悲鳴のような泣き声があちこちで上がる。道路には出るなといわれ、隊舎前の道の端から見えなくなるまで手を振り続けた。何度も何度も振り返っては手を振る同期。その姿が小さくなり見えなくなると諦めてトボトボと隊舎の入り口付近に引き返す。そんなことの繰り返し。一人二人と少なくなっていく。最後の方には、顔はぐちゃぐちゃである。うさぎのような目とトナカイのような鼻。バディーと最後に撮った写真は、大泣きしながらのピースサイン。二人とも悲惨な顔であった。

とうとう私達、会計科職種が出発する番となった。大所帯の会計科職種の移動には大型バスが用いられた。自衛隊の大型バスが、婦人自衛官教育隊隊舎に横付けされる。バスに乗り込みすぐに窓を開ける。窓の下にはバディーを始め、同じ班の子たちが手を伸ばしている。手を握りしめたまま「元気でね！　絶対に遊びに行くから！」「後期も頑張ろうね！」「今までありがとう‼」。バスが出なければいいのに……同期と離れたくない、このままここに残りたいと思った。

バスがクラクションを鳴らしてゆっくりと出発する。「いやぁぁぁー！」みんな窓から溢れんばかりに身を乗り出して、大泣きで手を伸ばす。バディーが泣きながら走っておいかけてくる。大きく大きく手を振って私もそれに応えた。バスはゆっくりと婦人自衛官隊舎の角を曲がっていく。班長も見送りに出ていた。「班長ー‼」必死に手を振る。バスのドライバーはどう思っていたのだろうか。引き離すような気分だったか、もしくは男性隊員では考えられない女性の自衛官の不思議な光景を笑っていたかもしれない。

バスは駐屯地の営門を目指し、いつも見慣れた道を走り抜けて行く。私はまたこの朝霞駐屯地にいつか来ることがあるのだろうか？　車窓からの見える景色は最後の見納めかもしれない。川越街道に出てもまだ泣き止んでいない私達。ヒックヒックと周りから聞こえた。新しい会計科職種の同期とはいえ、知り合いも多いのに誰も口を開こうとしない。みんな泣き疲れて放心状態であった。

しばらくして前方の席の子が大きな声で「アッ！」と叫んだ。何事かと思いきや、お財布を部屋のキャビネットと呼ばれる私物箱に入れたまま忘れてきたといい出した。引率の班長は「何やってんのよ」と笑いながら、バスはまた朝霞駐屯地に引き返した。一同爆笑であった。

一方、さっき大泣きして出発したはずの小平駐屯地行きの大型バスが戻ってきたと、婦人自衛官教育隊では大騒ぎ。窓からみんな顔を出している。「おーい戻ってきたよ！」と大笑いの私達。二回目の出発は涙のない笑顔だった。

その後、全国へと散っていった同期。この別れが今生の別れとなって、再会することなく現在に至る同期もたくさんいる。みんな元気なんだろうか？　どんな自衛隊人生を歩んで、今はどうしているのだろう。若い頃にほんの僅かな期間、寝起きを共にしただけの仲間なのに、忘れることができない大切な想い出であった。

第9章　業務学校での後期教育

小平駐屯地へ

昭和の終わりが近づく頃、新隊員後期の会計科職種の教育は東京都小平市にある小平駐屯地の「業務学校」で行なわれた。小平駐屯地には、会計教育部と警務科教育部と人事教育部からなる「業務学校」通称：業校と、調査学校などがあった。現在は、業務学校などはなくなり、調査学校・業務学校・駐屯地業務隊・第四一二会計隊が統合して「小平学校」となっている。

後期教育への移動のため朝霞の婦人自衛官教育隊を出発した大型バスは、約五〇人の婦人自衛官を乗せて、一路業務学校を目指した。

号泣での別れから一転、忘れ物のため大笑いで引き返したバス。業務学校とはどんな所なのだろうか？　どんな班長が待っているのだろうか？　会計の教育にはついて行けるだろうか？　期待と不安を胸に、バスは進んでいく。

川越街道を過ぎた頃には、泣き過ぎた疲れからかバスの中は静かでほとんどの者が寝ていた。

バスは小一時間ほどで業務学校に着く。「もうすぐ駐屯地だから起きなさい」と引率の班長の声。皆、慌てて起きて正帽を被り直して姿勢を正す。営門を通る際、「気を付け」と号令が掛かかると緊張の一瞬である。

目に入ってきた小平駐屯地は、とても小さな印象だった。これまでは朝霞駐屯地と武山駐屯地しか知らなかった。営門だけでもかなり大きかった朝霞駐屯地を基準にすると、拍子抜けするほど小さい営門。大型バスが入れるのかと思うほどの曲がりくねった小道を行くと、バスは僅かに広い道の途中で止まった。

新しい区隊長や班長の出迎えを受け、私達を引率してきた婦人自衛官教育隊の班長とはここでお別れである。私の班長ではなかったので、別れの辛さはなかったが、ほんとうに卒業なんだなと思った。

婦教（当時は婦人自衛官教育隊のことを「婦教」と呼んだ）に帰りたい、班の同期に会いたいよ〜。

不安でまた泣きそうになったのである。

暗い隊舎に衝撃を受ける

私達を出迎えてくれた新しい班長は二人だった。ボーイッシュな一班長とお人形のように美しい二班長。この組み合わせはどこの教育隊でも同じなのだろうか？　私の班長はボーイッシュな班長となった。とにかくとても厳しい雰囲気の班長だった。

着隊時の緊張ムードの中、班長に率いられてWAC隊舎に移動する。荷物は「衣嚢」と呼ばれる灰緑色のボストンバッグ一個。可愛いバッグではない。その中には制服類がパンパンに入っていた。その他の私物の荷物は段ボール箱一個を先に送ってあった。

WAC隊舎へは徒歩で移動だ。ほんの数分の距離にWAC隊舎はあった。行ってみてわかったのだが、WAC隊舎付近はとても細い道のため、大型バスが入れなかった。

WAC隊舎は、朝霞の婦人自衛官教育隊の隊舎しか知らない。朝霞の婦人自衛官教育隊の生活隊舎は、新築の四階建の白くて美しく大きな隊舎だったが、案内された小平駐屯地のWAC隊舎は、お世辞にも綺麗とはいえない古い二階建ての小さな小さな隊舎だった。えっ？これ？……。中はエンジ色のビニールカーペットのような床と、昼間でもどんより暗い隊舎。木造の建物ではないだけマシだが、正直、衝撃的だった。なんだか怖いよ～。

案内された部屋に、これまた驚いた。私達新隊員の部屋は二Fの隅っこだったが、狭い部屋にボロボロの二段ベッドが所狭しと押し込まれており、とても暗いのだ。

一〇人部屋の壁には互い違いにグレーの細長い二連ロッカーが埋め込まれ、隣の部屋との間仕切りとなっていた。

きっと皆も同じように思ったのではないだろうか、口数が少なくなっていた。当時の隊舎としてはこれが普通で、朝霞の生活隊舎がとても恵まれた環境だったとはまだ知らなかったのである。自衛官はどんな環境であっても慣れなければやっていけない。少しずつ強くなって行くのであった。

自分のベッドを確認し荷物を置いて、その後は、着隊の申告などのためバタバタと一日は終わった。

小平駐屯地での初日の六月の終わりの夜。二Ｆの自分の部屋の窓から見えたのは、うっそうとした真っ暗な松林が広がっている景色だった。

後で知ったことだが、ここ小平駐屯地は歴史のある駐屯地だそうで、その松林には旧軍の幽霊が出るとの噂があった。

ＷＡＣ隊舎の隣には獣道のような細い道があるだけで、鉄条網が張り巡らされている外柵のすぐ近くには、民家のような街明かり見える。近くに電車が走っており、とても庶民的で不思議な感じだった。

同じ区隊の仲の良かった同期とは部屋が違い、同期とはいえ一人を除いては知らない人ばかりの一〇人部屋で、私はやっていけるのだろうかと思った。

私は入り口付近の二段ベッドの下の段だった。上段の同期は婦人自衛官教育隊で同じ区隊だった子だ。あまり話したことはなかったが、バディーとして後期教育で大切な同期となっていく。

バディーは面倒見がよくとてもしっかりとしていた。ふっくらとした体型と天然パーマの癖毛の風貌から、私が付けたニックネームは「お母さん」。同級生にお母さんと呼ばれた本人はどう思ったかわからないが、そのニックネームは定着してしまったのである。

二段ベッド上段は、ベッドの上段の子がベッドの上に立つと天井に届きそうな高さである。初めての自衛隊の二段ベッドに興奮気味の子が多かった。金属製のベッドを簡易に組み立てた少し怖いような寝床。同じく金属製の簡易な梯子と落下防止の柵がある。私は寝相が悪いので下の段で良かったと胸をなで下ろした。

下の段から上を見上げると、上段の敷き板とバネが丸見えだ。これが自衛隊のベッドなのだなと造りをマジマジと見た瞬間であった。バディーがベッドを上り降りする度に、ベッドはギシギシと音を立て揺れた。

新しい環境で

次の日の朝から、慣れない新しいＷＡＣ隊舎での生活に戸惑った。何でも婦人自衛官教育隊と比べてはいけないが、そこしか知らないのだからしかたがない。

小平駐屯地のＷＡＣ隊舎には新隊員のみでなく、駐屯地に勤務する「基幹隊員」と呼ばれる一般の婦人自衛官も寝起きしていた。婦人自衛官教育隊は常設の教育部隊だが、業務学校の教育隊はその都度、教育期間中のみ編成される臨時の教育隊なのだ。基幹隊員の方達にとっては毎年恒例のことだろうが、この季節はＷＡＣ隊舎は教育隊の新隊員で溢れかえっていた。

隊舎の中で基幹隊員を見れば「お疲れ様です」と挨拶をし、階段や廊下で会ったときは、私達新隊員は端っこの方を歩き道を開けた。新隊員の前を通る度、基幹隊員には「お疲れ様です」の嵐が吹き抜ける。その度に挨拶を返して下さる基幹隊員の方は大変だったのではないだろうか。

右も左もわからない新隊員の群れは、集まると何かと騒がしい。今まで同期ばかりのＷＡＣ隊舎で過ごしてきたため、配慮というものが欠けていたと思う。時折、基幹隊員から注意されることもあったが、それでも終始、優しかった印象が残っている。

毎朝、美しく着こなした制服姿に可愛いバッグを提げて、長い髪の毛をきちんと束ねて出勤される基幹隊員の様子はとてもエレガントで、今まで接してきた教育隊の気合い満々の勇ましい班長達とは大きく違っていた。配属されてからの出勤スタイルはこんな風なのかと憧れたものである。

新隊員から各学校に配属されるＷＡＣは優秀であると聞く。小平駐屯地のＷＡＣ隊舎におられた基幹隊員の方も、調査学校など各学校勤務の方が多く優秀であったのだと思う。

自然と新隊員の良い見本となっていたことだろう。婦人自衛官教育隊のように独立し、やや隔離されたような雰囲気とはまた違い、一般の隊員を目にすることで部隊配属に向け少しずつ適応していったのだなと思う。

スカートで腕立て伏せ！

次の日から業務学校での会計科職種の後期教育が本格的に始まった。

男性の教育隊長以下、幹部の女性の区隊長×一、「助教」と呼ばれる陸曹の女性の班長×二、その他には各授業の教官がそれぞれ私達の教育を受け持った。

婦人自衛官教育隊との大きな違いは、会計教育部の学生には女性だけではなく男性も居たことだ。しかも新隊員だけではない。WACの他に、男子の新隊員後期と、陸曹候補生、幹部の課程もあり、学生のとても多い時期であった。

まずは朝礼に参加した。本部庁舎前の美しく芝生が整備されている広場の隣の道路上に、たくさんの隊員が集合していた。それまでは婦人自衛官教育隊だけの朝礼にしか参加したことがなく、駐屯地の大きな朝礼などにも参加した覚えがない。私達新隊員のWACは、班長に引率されて大勢の隊員の中を歩いていく。とても緊張したことを思い出す。

自衛隊体操のメロディーが流れ始めると、慌てて体操ができるように隊形をとった。狭い空間に両手間隔いっぱいに広がってやる気満々である。後ろの方では新隊員に押された基幹隊員の方々が狭苦しく並んでいた。初日は制服であったにも関わらず、元気よく思いっきり自衛隊体操を展開した。「今年の新隊員は元気がいいなぁ」と後ろから聞こえると、より一層、張り切って前期教育で覚えたての自衛隊体操を披露した。

婦人自衛官教育隊では、制服でアスファルトの上で自衛隊体操をすることはほとんどなかった。制服姿であっても自衛隊体操は自衛隊体操である。ヒールを履いているのに思いっきり高く飛んで、スカートなのにはち切れんばかりに開脚する。自衛官は体型を服装に合わせるのだといわれるが、私の場合は背丈が小さくて困り、他の者はぽっちゃりしていて困った子もいた。ぽっちゃりさんもスカートのスリットが破れないかと心配なほど必死に自衛隊体操をしていた。私は思った通りヒールが吹っ飛んで「ごめん、ごめん」といいながら、自衛隊体操をしている同期の間を靴を拾いに行った。

制服ではソフトに自衛隊体操をすることをまだ知らない私達は、終わった頃にはみすぼらしいくらいに服装が乱れていた。上衣がスカートのウエストから出ている者もたくさん居た。服装の乱れは心の乱れといわれ、常にきちんとしておかなければいけない。すぐさまスカートのファスナーを下ろし上衣を入れ直した。

一斉にＷＡＣがスカートのファスナーを下ろしたものだから班長が慌てて「あんた達、少しは気を遣いなさい！」と注意した。一瞬、私達は何を怒られているのかわからなかった。女性だけの教育隊でずっと過ごしていたため恥ずかしいという意識が皆無で、男性隊員に対する配慮が足りなかったのだ。

これは後日のことであるが、朝礼前の皆が揃うまでの少しの時間、男性の隊員が前に出て軽い運動の指揮をした時にも同じようなことが起きた。「腕立て伏せ、用意！」と号令が掛かり、条件反射のように「一・二」と復唱し、私達もその場で立派に腕立て伏せの姿勢を取った。もちろん制服のスカートのままである。後方にいたおじさま達には、朝から少々刺激的な眺めだったようで、当然班長が飛んできて「あんた達、気を遣いなさい！」と怒られたのだ。スカートで腕立て伏せをする場合には、おじさま達が居ない方向に足を投げ出すのだとこの時覚えた。

後で考えると、時間があるからと朝から腕立て伏せをする職場って凄いと思った。そしてその号令にすぐに反応して、スカートを履いていることも考えずに腕立て伏せを始める私達も凄かったと思う。男社会の中の一握りのWACということを少しずつ意識し、どんどん自衛官らしくなっていく。それがまだまだ楽しい時代であった。

後期教育はほぼ制服で授業

戦闘服で過ごしていた前期教育に比べ、後期教育はそのほとんどが制服での授業であった。野山を這いずりまくることはほぼなく、頭がボーとするような専門的な事柄を睡魔と戦いながらの学ぶのである。

入隊当初に婦人自衛官教育隊で靴擦れ防止のために貸し出された中古の「半長靴」と呼ばれる革製の編み上げブーツは、修了と共に返納してきた。苦楽を共にした愛着のある古い半長靴とお別れし、自分の真新しい半長靴を持って後期教育へとやって来た。支給当初は板のようにまっすぐで履けなかったが、やっとなんとか履けるくらいに柔らかくなってきたのに、業務学校では短靴ばかりであった。自衛隊といえば、緑の服を着て草を付けて野山を走りまくっているイメージしかなかったが、制服で座学ばかりのこんな事務系の職務もあるのだと知った。

後期教育でも私のへなちょこぶりは健在で、区隊長や班長にとっては手の掛かる新隊員だったと思う。その分、想い出はたくさんあるように思うので、ある意味お得感のある自衛隊人生といえよう。行く先々でへなちょこぶりを発揮し続ける私は、様々な人に支えられて成長して行くのであった。

本格的な会計科の教育開始

後期教育では会計科職種としての基礎的な専門知識を身につけるのだ。

ほとんど毎日、「教場」と呼ばれる屋内の教室で、制服での座学であった。

教場にはぎっしりと長机が入っており、私は背が低かったため、席は真ん中の列の前から二番目であった。しっかりと勉強をしたい者には特等席のような良い位置であるが、とても眠い授業の時には最悪の席であったともいえる。

自衛隊＝緑色の服を着て、草を付けて野山を走るイメージから、他では体験できない体力系の珍しい仕事に憧れて入隊した私にとって、学校と変わらないような授業を受けることになろうとは思いもよらず、会計科職種になってしまったことに、なんだかこれでは普通の事務員と変わらないのではと感じ、少々落胆していた。

授業にも積極的でなかったかもしれない。授業中は寝ないようにと思ってはいても、ついつい睡魔との戦いとなってしまうのであった。

お昼ご飯にカレーが出た日は、午後からの授業が眠くてたまらなくなるというジンクスが陸上自衛隊では（海空はどうなんでしょう？）広く認知されており、その日ばかりはカレーを理由にして、皆当たり前のようにコックリ、コックリ寝てしまうのだった。カレーの日の午後から授業を受け持った教官には申し訳なかったと今更ながら思う。

あまりにも眠い場合、私には特効薬があった。誰しもが簡易な救急セットを持っていた。普通の会社勤めでは考えられないが、自衛隊では生傷が絶えないからだ。特に前期教育は体力勝負だったため、筋肉痛用の塗り薬や、湿布やサロンパス、傷テープなどを各自で揃えていた。その中の筋肉痛用の塗り薬をコッソリと瞼に塗ると途端にスースーして目が覚める。あまりにもスースーして涙目になる時もあった。

だが眠いことに変わりはなく、ついには目を開けたまま寝る技を身に付けてしまった。隣の席の同期はクスクス笑った。起きているものだと思って話し掛けると目を開けたまま意識がない状態だったという。

今でも覚えていることは、何の授業だったか教官に当てられて「薄暮時とはどんな時だと思う」と聞かれた時のことだ。目を開けたまま寝ていたのだから、それまでの授業の内容を知るよしもない。ハクボジ……ハクボジ……暗号のような、呪文のような、何のことだかわからない。「わかりません」と答えると「考えろ」といわれるのに決まっている。咄嗟に私の口から出た言葉は「さっぱり見当も付きません」だった。そこまで断言されてしまうと教官も追及できなかったようで、私はピンチを免れて胸を撫で下ろした。

現在では、片目だけ閉じて寝る特技も身についてしまった。その特技が何の役に立つのかは微妙なところだ、などと、お給料をいただきながら寝ていたことを記事に書きつつ、今更ですが反省しております。ごめんなさい。

さて、後に知ったことだが、男性の場合、職種の選択に有無をいえないことが多かったようだ。時には職種を二種類からしか選べなかったなどと聞いたことがある。私の場合、勤務地優先で第一希望が通ったのに、更に職種の好き嫌いまでいうのは贅沢なことなのだということを、この時はまだ知らなかった。

男性と女性の挨拶の違い

新隊員前期教育と後期教育との違いは、やはり男性と接する機会が増えたことだろうか。前期はほぼ女性だけの大集団だった。自衛隊人口の男女比を考えれば、女性だけの集団があること自体珍しいことなのだが、それが普通だった私達にとって、教育に男性が混ざることはとても不思議な未知の感覚であった。区隊長と班長を除けば、教官も男性ばかりであった。また男性の新隊員も一緒に教育を受けており、授業は合同ではなかったが、点呼などは新隊員としてひとまとめであった。

女性の自衛官は、全国から朝霞の婦人自衛官教育隊に集まって前期教育を受け、全国各地の後期の教育隊に旅立っていった。これに対し男性の場合は、全国各地の前期の教育隊を出て、後期教育のために業務学校に集まっていた。

現在の会計科職種の新隊員の後期教育は各方面隊の会計隊本部が受け持っており、小平学校においての新隊員教育は実施されていない。

新隊員後期教育で業務学校を巣立ち、また陸曹になって業務学校に「帰る」といわれたのは、私達の二年後くらいの卒業者までだった。今の会計科職種の隊員は、陸曹になって初めて小平学校に「来る」のである。

昭和の終わりが近付く頃はまだ女性の自衛官は少なく、地方の教育隊から来た男性自衛官の中には女性の自衛官を見るのが初めての者もいただろう。そのため男性隊員の中には「WAC（ワック）」という言葉を知らない者もいた。

毎朝晩、点呼の時間になると新隊員全員は、合同の点呼を本部隊舎の裏で受ける。そしてその都度、WAC隊舎から歩調を揃えて点呼場所まで行進していくのだ。夜の点呼は隊舎から漏れる明かりの下、薄暗闇の点呼であった。

WACは健康状態について些細なことでも報告するよう指導されていた。発熱や頭痛・腹痛などの他、男性は報告しないような足痛や手痛など。「内務係」と呼ばれるお世話係は、人数の他、健康状態の報告もするため、不具合のある者の名前と症状を全て覚える。男性が内務係についた場合は、慣れていないためＷＡＣの詳細報告を覚えきれず、苦労していたように思う。

女性の自衛官は、挨拶の仕方も男性と違った。朝の教育隊長への挨拶では「おはよう」といわれると「おはようございます」と声を合わせて元気に応えた。一日の終わりには「お疲れ様でした」、別れる際には「別れます」とはっきりというのだ。

それに対し男性は、「うっす」とか、「おざいまっ」「おざす」（どちらも「おはようございます」のつまったもの）など短い言葉を発した。男女一緒に挨拶を返すと、挨拶をした上級者はタイミングが狂うらしく、「何なんだ、ＷＡＣのあの挨拶は」と面食らっている人もいた。

今までこれが普通だと思っていたが、だんだんと男性の挨拶の仕方が一般的なんだと知っていくのであった。

自分専用のそろばん

教育の内容もずいぶんと本格的な会計の教育となってきた。会計科職種の教育内容をおおまかに分類すると、お給料や税金の計算の「給与業務」、支払い関係の「会計業務」、調達関係の「契約業務」、旅費の計算の「旅費業務」になる。会計と一言でいっても色々と幅広い業務があった。

今まで教範といえば「赤本」と呼ばれる新隊員必携や服務小六法などであったが、会計科職種になると、その他に専門の法規に関連した様々な資料が増えた。法規類はカタカナが混ざった特有の表記で、法律↓規則↓通達などとだんだんと文章が増えて詳細になっていく。正直、頭が痛い内容であった。

更にもう一つ、私にはとても頭の痛い大きな問題があった。それはかつての会計科職種隊員にとって不可欠な必須アイテムであった「そろばん」の存在である。

ちなみにこの後、新しい制服となり、「職種徽章」と呼ばれる職種を表すバッチを着けることになるのだが、会計科職種の職種徽章は、そろばんの玉をデザインした物だと巷ではいわれていた（私もてっきりそうだと思い込んでいたが、実はそろばんの玉だと思われていた物はダイヤモンドで、取り扱う金銭を象徴するのだと知ったのはつい数日前のことである。どう見てもそろばんの玉にしか見えない菱形の職種徽章。今まで何度となく他の職種の人とのコミュニケーションで「そろばんの玉なんですよ」といい続けていた私は、全く会計科職種を理解していなかったのかと唖然としたところだ）。

そしてこともあろうに、私はこのそろばんに最後まで泣かされるはめになるのである。

そろばんができる者とできない者の差は一目瞭然である。幼い頃から習い事としてたしなんでいた者や、商業学校を出ている者は苦でもないが、そろばんが得意でない者は、会計科職種として初歩からつまずくのである。私はもちろん後者であった。

私達の時代の幼少期の習い事といえば「そろばん」が定番であった。しかし私はそろばんには興味があまりなく、そろばんよりもバレエやピアノに憧れていたため、小学校で習ったのと、幼い頃に友達が通っているからと、ほんの少しかじった程度で得意ではなかった。

まずは最初にそろばんの購入希望調査があった。そろばんにも松竹梅があり、高級な物から普通の物まで好きな物を選ぶことができた。商業学校出身者のほとんどは、ワンタッチでそろばんの玉が弾かれる高級な持参のそろばんと、特製のそろばんケースを持っていた。かっこいいなぁと憧れたものの、新隊員のお給料では高価な物だった。私にはもったいないと思い、普通のそろばんを購入することにした。ケースも購入せず、なぜか購入時に入っていたナイロン袋と外箱が捨てられず後生大事に使うのである。

そろばんはすぐに届いた。真新しいピカピカの自分専用のそろばん。会計科職種にとって大切な相棒ともいえる。まず最初にしたことは、万の位と十万の位と百万・一千万の位にそれぞれ目印のシールを貼ることだった。小学生よりは計算の桁が多いが、恥ずかしいくらいの初心者用そろばんのでき上がりだ。

そろばんに追いかけられる悪夢

早速、そろばんの授業が始まった。小学校で使われるような特大の教材用のそろばんが教場に持ち込まれ、一つ一つ丁寧に教官から教えてもらう。そろばんができる者は学ぶことがなく余裕である。授業では、そろばん教室とは違い、足し算・引き算の他は見取り算がほとんどであった。

まさかこの年でそろばんを習うとは……しかも自衛隊で。お給料をいただきながらそろばんを教えてもらうと考えれば贅沢なことだとわかってはいるが釈然としない私がいた。

もちろんそんな思いはお構いなしに授業は進んで行く。来る日も来る日もそろばんとの格闘の日々の始まり始まりだ。毎日の間稽古や夜の自習の時間は全てそろばん練習である。そろばんができる子は、その日の復習をしている中、そろばんができない組はその隣でパチパチしている。ひたすら練習して上達するしかないのである。時にはそろばんの上手な同期が先生となって、手ほどきしてくれた。あまりにもそろばん尽くしの毎日に、そろばんに追いかけられる悪夢を見てうなされるほどであった。

あまり知られていないかもしれないが、実は自衛官には知能の段階評価がある。一～七段階あり、数字が高い方が賢いのだ。当時の女性自衛官の知能段階は、通常最低でも五以上だといわれていた。ちなみに当時の男性の自衛官の中には三～四の者も多かったそうで、WACは優秀であり誇りを持てと前期教育で教え込まれていた。その中で会計科職種の者は、更に男性自衛官においても知能段階の優秀な者が選抜されていたと聞く。

しかし中には例外もある。前期教育でも決して優等生とはいえなかった私は、そろばんが苦手という会計科職種としては致命的レベルから始まり、後期教育でもへなちょこぶりを発揮するのである。私……会計科職種でほんとうに大丈夫なんだろうか？

私はまだまだ可愛い一八歳

学生には「雑嚢（ざつのう）」と呼ばれるＯＤ色のショルダーバッグが貸与されていた。もちろん全く可愛いげのないバッグである。荷物を入れてどこへ行くにも提げて行く。その雑嚢だけでは入りきれない量の資料に、サブバッグとして私物のバッグの使用が許可された。私物のバッグは何でも良いという。

私はとても嬉しかった。ヤッター！　可愛いバッグが持てる。ほんとうにどんなバッグでも怒られないいんだろうか？　私は恐る恐る、とびっきり可愛い赤いクマちゃんのバッグを用意した。

資料の中でも時刻表は旅費の計算に必要な物であるが、電話帳くらいの厚みがあった。しかしどんなに資料が重くとも、クマちゃんのバッグを持てることが嬉しくて苦にならなかった。

制服姿に合うかどうかは別にして、赤いクマちゃんのバッグは、唯一許された女の子らしい持ち物のように思い、宝物のようにも感じた。

しかしマスコットやキーホルダーを付けることは当然できなかった。そのバックに山盛りの資料とそろばんをひょいと覗かせて颯爽と歩く。それだけで幸せを感じる私は、まだ可愛い一八歳であった。

業務学校歌と国旗掲揚

業務学校での新隊員後期の会計科職種の教育は、淡々と流れていった。

毎朝の朝礼は、割れんばかりの大音量の「業務学校校歌」で始まる。ボロボロの継ぎ接ぎだらけの隊舎が大丈夫かと思うほどの音量だった。これが流れ始まると朝礼に行かなくちゃと行動するのである。五分前行動が当たり前の自衛官。そそくさと外の朝礼場に集まり始める。

元気良く自衛隊体操で汗をかいたあとには国旗掲揚。前期教育隊の婦人自衛官教育隊隊舎からは駐屯地の国旗が見えず、国旗が揚がっているであろう方向に向いて姿勢を正す敬礼をしていたが、小平駐屯地はとても小さく、本部隊舎屋上に掲揚される国旗を間近に見ることができた。国旗を眺めながらの挙手の敬礼に何ともいえない厳粛な気持ちとなり、内心「カッコイイ!」と感じた。

国旗の掲揚は駐屯地の警衛隊から旗衛隊を出すところが多い。警衛隊は部隊ではなく、各部隊差し出しの日替わりの勤務員である。時折、中には下手くそな人もいて、国歌の演奏に合わず、ゆっくりゆっくり揚げすぎて最後は慌てるとか、揚がったと思った途端ロープが緩んでスルスルと落ちかけたり。

じゃき〜ん
KUMA

旗衛隊で国旗掲揚に初めて当たった者はかなりのプレッシャーだという。駐屯地の皆の視線が注がれるため、事前にきちんと練習をするらしい。

今にして考えると小平駐屯地には業務学校の他に、調査学校などもあったはずなのに、調査学校校歌が流れていたという覚えはないような……。あの小さな駐屯地で大音量で二つの音楽を流したらきっととんでもないことになるだろう。

業務学校には会計教育部の他、人事教育部や警務教育部もあり、駐屯地司令は業務学校長であったことから、調査学校よりも格上だったといえる。ましてやまだ情報科職種がなかった時代。調査学校が職種の学校ではなかったことも業務学校校歌ばかりだった一因か。今となっては知る由もない。

業務学校・調査学校などが改編され小平学校になった現在、情報科職種ができて、業務学校も調査学校も小平学校にふくまれて、もう業務学校校歌が流れることはない。

先日インターネットで検索してみると、懐かしの業務学校校歌を発見。久々に聞いたら、あぁそうだこんな歌だったよね。二度ほど聞くと口ずさむことができた。みんなで何度も練習した業務学校校歌、毎朝耳にしていた大音量。忘れてなかった私の青春、業務学校！

毎朝出会う外の人――機動隊のお兄さん達と

朝礼の後は外に出たついでもあってか、体力練成の時間に充てられることも多かった。朝日を浴びて、元気に朝から駐屯地の外柵沿いを駆け足した。

体力練成といっても、前期に比べるととても軽く楽しい駆け足だ。日頃の勉強漬けの毎日で鈍った体を動かす機会に皆とても張り切った。

小平駐屯地は朝霞駐屯地に比べるととても小さく、たくさんの距離を走ろうとすれば何周も駐屯地をグルグル回らなければいけないほどであった。外柵沿いを思いっきり外回りで回っても、あっという間に一周できる。朝霞駐屯地は外柵沿いに走ると迷子になるのではないか、いつになったらゴールなんだろうと感じるほど大きかった。

また朝霞駐屯地には体育学校の乗馬用の馬が居て、駆け足ついでに馬小屋近くに行って馬を見るのが大好きだった。

のどかな小平駐屯地にも実は馬小屋があった。私はここにも馬が居るのかと思ったが残念ながら馬は居なかった。小平駐屯地は元々、旧軍時代の経理学校があった場所で、その跡地を受け継ぎ小平駐屯地と警察学校ができた。たぶん旧軍のなごりの馬小屋だったのだろう。しかし、新しい隊舎もできた現在においても馬小屋は存在するらしい。時代の遺跡として残されているのかどうかは不明である。

最初に班長に案内されれば、次からは迷うこともなく走れる小平駐屯地。新隊員の元気なレンジャーコールは隊舎のどこに居ても聞こえるので班長達も安心して放し飼いできたに違いない。

小平駐屯地は駐屯地のすぐ近くに駅があり、ＷＡＣ隊舎そばの外柵沿いには線路があって、絶えず電車が走る音や踏み切りの音が聞こえる。駐屯地の周りには大学や警察学校のほか民間の建物も隣接し、手を伸ばせばすぐそこに外の世界があった。しかし私達はもちろん自由に外に行くことはできなかった。外柵の間から垣間見える外の世界に憧れのような感情があった。ある意味、隔離された世界に閉じ込められているような状態である。たまの週末の外出は、前期教育時よりも制限が少なかったように思うが、全員が全員好きなだけ外出できるわけではない。普段は自衛隊以外の人と接することは皆無であった。

そんな折、毎朝の駆け足の時間に会う外の人が居た。一般的に外柵沿いは背の高い壁などがあるが、警察学校と隣接している所だけは大きな通用門があり、門の柵の部分から警察学校が見えた。陸続きの国の建物という印象だ。

私達が朝から楽しく駆け足している頃、ちょうど隣の警察学校では機動隊のお兄さん達が、ヘルメットを被って背丈ほどある長さのジュラルミンの盾を持って、号令もかけずに無言で足並みを揃えて走っていた。お兄さん達はきっと暑いだろうなぁ、重いだろうなぁと、傍目にも気の毒なほどであった。

それに比べ私達はキャピキャピと楽しそうに、軽快な短パンにTシャツ姿。内務係の引率する号令でレンジャーコールを楽しんでいる。

毎朝会う唯一の「外の人」。ある日の内務係がいつものように警察学校と隣接した所でお兄さん達を見つけ、レンジャーコールで「機動隊の（機動隊の）お兄さん（お兄さん）おはよっ♪（おはよっ♪）」と挨拶をした。お兄さん達はすぐさま反応したように見えた。

見えたというのは、そのジュラルミンの盾の覗き窓の部分から一斉に目だけがジロリとこちらを見たからだ。頭は前を向いたまま、覗き窓の部分から目だけがこちらを見ている図。それでも機動隊のお兄さん方は声を発しない。目だけがこちらを見た状態でワッサワッサと前に進んで行く。盾とヘルメットでどんな顔の人達か、若いのか年配の人なのかさえ全くわからないが、私達は唯一の外の人と接するのがとても嬉しかった。

それから毎朝、機動隊の方を見つけてはレンジャーコールで挨拶する日々が続いた。からかっていたわけではない、いつか何らかの反応が欲しくて。時には手を振って「頑張って〜」と声援を送ることもあった。

後から考えると、機動隊のお兄さん達にとっては迷惑この上ない話であったろう。苦しい訓練の最中、隣の敷地からキャピキャピの集団に声をかけられて「クソ〜」と思っていたかもしれない。苦情が来てもおかしくはない状況だったが、私達は無邪気に楽しみを見つけ、日々の訓練の励みにしていた。

この話はきっと班長達はご存知ないであろう。今頃この記事を見て青くなっているかもしれない。時効ということでお許しいただこう。

学力を求められる授業

前期教育は誰もが右も左もわからず体力勝負の部分が多い。平たくいうと、まじめに素直に従っていれば何とかなるのだ。

専門的な分野を学ぶ後期教育、特に会計科職種のそれは、前期教育と比べて肉体的には楽なものの、学力が求められて違う意味で大変であった。商業学校を出ている者との差は一目瞭然で、スタートラインがまず違うのだ。これは会計科職種が後方職種で事務仕事を主に行なう職種だからであり、一種の特徴的な教育ともいえる。

来る日も来る日もプリントとのにらめっこ。配られる資料は日増しに増えて、科目ごとの綴りはパンパンに膨大な量になっていく。課題として出される練習問題は、その日の宿題となり、夜の間稽古の時間などにこなしていくのである。

会計科職種の教育内容をおおまかに分類すると、お給料や税金の計算の「給与業務」、支払い関係の「会計業務」、調達関係の「契約業務」、旅費の計算の「旅費業務」になる。

「給与業務」と呼ばれるお給料やボーナスなどの計算は、基礎的な部分を学んだ後、人それぞれのパターンに合わせて細部を加算・減算していく。結婚や子供が生まれて扶養者が増えたとか、退職するとか、通勤経路が変わったとか、十人十色である。それぞれの状況に応じて計算していく。最初は簡単なパターンを何度もこなし、徐々に様々な状況が加わっていった。

「会計業務」と呼ばれる支払い関係の業務では、日々の支払いに関する書類の作成手順のほか、帳簿の付け方や〆方、「科目」と呼ばれる各種の予算経費の分類を大まかに覚えた。分類の下には細分もあり、枝のように広がる科目に頭が混乱した。小切手の支払い要領などを学んだ時は、誰でも使う物ではないため会計科職種なんだなぁと思った。

一番わかりにくかったのは調達関係の「契約業務」であった。業者さんから物を買ったりする時の業務である。まずは入札してもらって契約をして、納品されて支払いの準備をするのであるが、机上で学んでも実務として経験しないと実感が沸かないのが現状であった。

一番好きだった授業は「旅費業務」である。出張などの旅費の計算をする時の要領を学ぶ。旅費は市販されている実際の時刻表に掲載されている運賃を用いて、その他に自衛隊ならではの日当や駅までの距離分を加算するのだ。時刻表には地図が載っていて、鉄道・飛行機・船の路線が細かく書かれている。この駅から出発してここを通ってこの駅までの運賃をと調べていると、自分が旅行に行ったような気分になった。

この駐屯地は同期の誰々ちゃんが行くところだとか、名前は聞いたことがあるがこんな所だったんだとかワクワクするのである。そして、市販の時刻表には様々な広告が載っている。地方の特集や季節折々の催し物、新しい旅グッズや美味しい物の宣伝。見ているだけですでに空想の旅行気分。運賃の計算よりも楽しい読み物となりつつあった。

私は会計隊に行ったら旅費係になりたいなぁ。毎日、旅行気分なんて幸せだなぁと夢見ていた。

新隊員で学ぶレベルは基本中の基本であって、実際にはもっと複雑で、実務を通して覚えていくこととなるのである。

二Fの即席エアロビクス教室

着隊当初の週末は外出ができなかった。休みの日まで勉強したくない。洗濯や掃除も終わってしまい、テレビも何も娯楽がない私達は暇を持て余していた。

体が鈍っていると感じても、だからといってグルグルと駐屯地を走る気にもならなかった。するど、同期の一人がエアロビクスをやっていたと話し出した。沖縄出身の彼女はとてもエキゾチックな顔立ちで大人っぽい子であった。当時はエアロビクスが流行り始めた頃、皆は興味深々に「教えて〜!」といい出した。ラジカセを持っている子がいて、明菜ちゃんの曲に合わせてエアロビクスが始まった。

二段ベッドがひしめき合う狭い居室の中で、沖縄の同期の動きを真似てのにわかのエアロビクス教室はキャーキャーと盛り上がった。日頃のストレス発散とばかりに一曲終わると「もう一曲！」とリクエストが入り、エンドレスで踊りまくる。その騒ぎを聞きつけて、隣の部屋の同期も合流して、見る間に参加者が増えて廊下にまで溢れ出した。楽しくて楽しくて明菜ちゃんの歌まで大合唱。

二Fで大盛り上がりしていた頃、一Fの当直室には私の班長であったボーイッシュな一班長が当直勤務に就いていた。当直室には騒ぎ声とともに、ドスドスと言う揃った足音が響いていた。班長が何事かと慌てて二Fに上がってきたら、新隊員が大音量の音楽をかけて廊下にまで溢れて踊りまくっていて……班長は唖然としたそうだ。

我に返った班長はいつもの台詞で「あんた達、何してるの!! 気を遣いなさい!!」。そうであった、このWAC隊舎には新隊員だけではなく基幹隊員のWACの先輩達も居住していたのだった。

楽しくてたまらない私達は「班長！ 一緒にやりませんか？」と誘ったが、もちろん「も～何いってるのよ!! すごい音がしてるんだから!!」と班長は怒っていた。ちょうど良い汗をかいて、私達は怒られながらも大満足でニコニコであった。凝りもせずに「またやりたいね」といったものである。

この班長が教育期間中に笑ったところを私は見たことがないように思う。いつも眉間にシワを寄せて怒られていた印象だ。何年後かに班長に再会した時に初めて班長の笑顔を見て、優しい女性らしさを感じた。きっと教育期間のみ、怖い怖い一班長を演じていたのだろうなと思った。区隊長も班長も大変な仕事である。未だに頭が上がらない。この先もきっと永遠に尊敬する存在だろうと思う。

第10章　教育は中盤にさしかかる

すっかり制服に慣れる

業務学校での後期教育は中盤に差し掛かった。前期教育の女性自衛官教育隊での生活は「着せ替え人形」と呼ぶほど、制服から戦闘服、ジャージに半袖短パンと、一日の中で授業に合わせて何度も着替えた。

しかしここ業務学校では、毎日制服での教育であった。時々銃を持っての基本教練などはあるものの、半長靴を履くことはほとんどなかった。

全てに余裕のない前期教育と比べると穏やかな時間が流れているような小さな駐屯地。学ぶことは会計科職種の業務内容であり、自衛官としての最低限の基本的なことは押さえるが、求められるのは学力であった。

商業学校出身の者は課題を楽々とこなし余裕であった。楽園のように感じていたかもしれない。

しかし私のへなちょこぶりは、後期教育においても健在で、課題どころか、そろばん練習に四苦八苦している有様。毎日練習して少しは上達したと思うが、大人になって急にそろばんが得意になるなんてことはそうそうないだろう。しかも会計科が扱う金額の桁は、お小遣い帳の比ではなかった。

昭和の終わりが近づく頃でも電卓はすでにあった。使用禁止ではなかったと思うが、私が持っていたのは小さな手帳型の電卓。ソーラー電卓が出始めた頃で、何かの記念にもらった物であった。電卓は給与の計算などのかけ算や割り算などに使用するくらいで、ゆっくりとしか反応せず一本指で押す電卓はあまり役に立たなかった。その上、小さな電卓では桁も足らなかった。

やはり会計科職種の武器は何といってもそろばんなのである。会計科職種は演習にもそろばんを持って行くと前期教育の班長から聞かされていた。戦闘間は銃の代わりにそろばんを携行するとか。演習場で、そろばんの手入れや分解結合をするのかな？　そろばんの故障排除や分解結合要領ってこれから学ぶのかな？　どうやって分解するのだろう……。想像するだけで恐ろしい。

まさに会計科職種にとっては必須アイテムであり武器なのだ。「できて当たり前」、「できなかったら会計科職種失格」といわんばかりのそろばんの重圧に押しつぶされそうになりながら教育は進んでいく。

ちなみに、実は現代においては電卓が主となっているそうだ。教育においてもそろばんの授業はなくなり、もちろんそろばん検定もない。そろばんの方が良い人は使っても良いという程度で、そろばんができなくても全く関係ないそうだ。時代と共にそろばんは衰退し、過去の遺物となりつつある。OA化された現在の会計科職種の武器は「電卓」なのだ。

この記事を書くにあたり、当時の区隊長と話をしていると、「もうそろばんなんて誰も使ってないわよ」と笑われた。えー！　私は信じられない気持ちで大きくショックを受けたのであった。今であれば、あんな苦労をすることはなかったのだ。大いに残念である。

区隊長の苦労話

区隊長は女性の幹部の方で、一般大学の出身だ。叩き上げの内部からの幹部ではなく、年頃も私達に近く若い方だった。ふっくらと女性らしく温和な優しい人だった。その区隊長が繰り返し話していたことがあった。それは部隊で区隊長が経験された苦労話であった。

お茶を出したらいつも「不味い」といわれ続け、ある日、区隊長は実験することにした。他の子が入れたお茶を持って行ったらどうか？　自分が入れたお茶を他の子に持って行かせたらどうか？　すると、どんなお茶であろうと、自分が持って行ったお茶に対して「不味い」といわれていることに気づいたというのだ。

他には「旭川」と書いているのに「九日川」だと何度も文句を付けられたり、現実には部隊に行くと理不尽なこともあると話して下さった。酷い人もいるものだなぁと震え上がった。

今考えると、あの頃はまだまだ女性の幹部自衛官は少ない時代で、部内選考の幹部ではなく一般大学からの幹部ともなれば、更に少なかったのではないだろうか。当時は自衛隊という男社会における女性の地位はまだお飾りの時代であったように思う。女性はすぐに寿退職で辞めてしまうのが一般的だった時代。幹部として男性と同じように生涯の仕事とする女性は、古い考え方の男性の自衛官からすると奇異に映ったのかもしれない。

その中での悔しい苦労話を、「私にもそんな経験があったのよ」と区隊長は笑いながら私達に包み隠さず話して下さった。区隊長と私達では立場は違うが、どこにでも意地悪な人はいるのだろうなぁ、私の部隊には居ませんようにと祈ったのである。

バレーボールは体力錬成

会計科職種の新隊員の後期教育は、当時業務学校のみで行なわれていた。会計科職種の新隊員が少なかったのも一因であろうか。新隊員は二～四年で辞めていく確率が高かった。陸上自衛隊の一般隊員（陸士）は、二年を一任期として任用され、このため任期制隊員とも呼ばれる。特に当時のWACは、そのほとんどが寿退職であった。そのため陸曹の確保ができず、多くは違う職種からの転科組であった。

この時期、業務学校には新隊員の他、「FOC」と呼ばれる幹部特修課程、「AOC」と呼ばれる幹部上級課程、「BOC」と呼ばれる幹部初級課程、「SLC」と呼ばれる三尉候補者課程、陸曹候補生課程など全国から学生が集まっていた。

普段は交流することはないが、FOCの学生を除き、方面隊ごとに分けられて、各課程合同でのレクリエーションの時間がたくさん盛り込まれていた。

レクリエーションといっても、体力錬成を兼ねる試合形式のバレーボールなどのスポーツである。AOCの方もBOCの方も幹部であったが、リーダー格はSLCの年配者であった。私達、新隊員からすれば、ちょうどお父さんくらいの年齢である。さすが年長者、上手い具合に場を盛り上げて下さる。皆、この時間が楽しみであった。

練習期間が設けられ、各方面隊チーム毎のやり方で楽しく練習するのだが、そこは自衛官の体力錬成。バレーボールの練習では、円陣パスでボールを落とした者はその場で腕立て伏せをすることになった。年齢や階級に応じて回数は変わる。

腕立て伏せをしている間は、その人員が抜けた状態の円陣。ボールの回りが早くて「早く戻って来い！」と悲鳴が上がる。腕立て伏せをしてはダッシュで円陣に加わる。ボールを前に譲り合いをしたら「声を出せ～、自分から取りに行け～」と檄が飛ぶ。ボールを落としたらもちろん連帯責任、二人とも腕立て伏せだ。

積極的にボールを取ろうとしない者には集中的に回ってくる。ボール競技の苦手な私は、ボールが来る度にキャーキャー大騒ぎ。

声を出せといわれたとおり「○○ちゃんボール来たよ！」「おじさん取って！」と声を出すがボールには触れない。

SLCのおじ様は「口先バレー」といって大笑いする。私の左右の者は、私をカバーするために腕立て伏せの餌食である。

たまにボールに触れ「○○さん行きますよ～」といったものの、ボールは狙い通りに行ってはくれない。あらぬ方向に飛んでいって「フェイントだ～」と振り回される周りの方。毎回、クタクタになりながら大盛況に終わる交流スポーツは楽しい時間であった。

私はリーダー格のSLCのおじ様のことを「おじさん」と呼んでいた。後から考えるとなんと失礼なことだったろうと、青くなったり赤くなったり。部隊に行けば偉い方である。おじさんには数年後に再会するのだが、開口一番「こいつ新隊員の時、俺のことをおじさんって呼んで食堂で手を振ってくるんだもんな～」と皆の前で笑われた。何も知らない新隊員だからできた懐かしい失敗談であった。

業務学校での方面隊交流は、階級の違いはあるが小平同期として、後に貴重な人脈となりとても役に立った。ひとときではあるが一緒に過ごした絆が生まれていた。派遣されたばかりの知らない土地での数少ない知り合いは心強い存在である。どこで会っても皆、「元気か？」と声をかけて下さり、大変可愛がってもらった。

特にお世話になったのは、あのおじさんである。とても面倒見の良い人であった。おじさんは私のことを「桜ちゃん」と呼んでいた。職場の上司には聞きづらい仕事の質問や特殊な

いったよー
っわわわ
落とすとうでたてっ
聖子ちゃんっぽく!

応用方法を教えてもらい、私にとっては何でも知っている知恵袋のような存在だった。

時には仕事自体を手伝ってもらったこともある。最後には同じ職場の上司にもなった。公私ともにいつも応援して下さったおじさんは、残念ながら定年後すぐに亡くなられた。私は何の恩返しもできなかった。

私達が卒業した後の二～三年後には、新隊員の教育は各方面の会計隊が受け持つこととなり、今の小平学校には会計教育の新隊員はいない。各方面隊での教育では、方面交流行事のような他の課程学生との交流はない。良い時代に入校できたと思う。

訓練の合間のおしゃれ

この頃になると、駐屯地の散髪屋さんで刈り上げにされた髪の毛も少しずつ伸びてきた。どこをどう見ても小さな男の子から、なんとかベリー・ショートカットの女の子に見えるかな？　くらいになった。それでもスカートはまだ似合わなかった。赤いクマちゃんバッグで女の子を満喫していたが、どうやったらもっと女の子を満喫できるだろうと考えていた。同期も同じようだった気がする。

自衛隊で教育を受けるという限られた身上で、年頃の女の子はできる限りの抵抗をする。スリッパも洗面器もジャージも味気のないお揃いの物。布団も枕も自衛隊物だ。部屋には私物を置くことはほぼできない。

そこで私はハンカチを思いつく。必需品のハンカチであれば可愛い物でも怒られないよね！　お給料をもらえるようになって、新宿のデパートで憧れていたブランド物のハンカチを買ってみた。嬉しくて嬉しくて、大人になったような気分になった。同期は、洗面具や筆記用具にこだわったり、下着に走った者もいた。どうしたら日焼けした肌を白くすることができるだろうとパックをしたり、お化粧品を買う者もいた。

小平駅近くの美容院に皆で揃って行ったこともある。お店の人は自衛隊の子だとわかっている。鏡の前の椅子にズラッと並ぶショートカットの同期達。タオルを巻かれた見慣れない姿にクスクス笑い合う。

無謀なことだとわかっていても「聖子ちゃんカットぽくして下さい」と注文してみる。もちろん聖子ちゃんカットにはほど遠いが、綺麗にブローをしてもらってウキウキ気分で帰ったのを思い出す。ちょっとした女の子気分を味わう度に幸せになれた。

また基幹隊員の先輩方が、可愛いお風呂グッズを持って廊下を歩いておられる姿に憧れた。私達も部隊に行ったら可愛い洗面器を使ってみたい。バディーと約束して「もし二人とも一任期の満了を迎えるまで頑張れたら、記念に洗面器を贈りあおう」と、ささやかな夢を語り合った。

二年後には無事に一任期を満了することができて、私はとても美しい花柄のピンクの洗面器をプレゼントされることとなる。しかし当時の私達は二年後にどうなっているかなんて想像もできなかった。ただただ日々の勉学や訓練に励むだけであった。

週末の外出、同期が事故に……

週末の外出も少しおしゃれして出掛けるようになった。東京にもやっと慣れて一人での外出も増え、集団行動から個別行動へ成長過程でもあった。部隊に行けば一人で戦わなければならない。行きつけのお気に入りのお店を見つけたりして、それぞれの憩いのひとときを楽しむ方法を覚えた。私も吉祥寺や新宿まで出掛けてお洋服を買ったり、小平駅周辺の庶民的な商店街でお菓子を買うのが好きだった。

そんな中、一人で外出していた同期に事故が起こった。短大卒の大人っぽい子で、外出時にはカーラーを巻いて前髪を立ち上げて、くっきりメイクとボディコンスーツがトレードマークだった。短大が東京にあったとのことで、地元にお友達が多く、私達とは一緒に出掛けることはなかった。

近くの乗換駅のホームは、電車との間が大きく開いていることが有名で、アナウンスでも「電車とホームの間にご注意下さい」と流れていた。同期は、そのアナウンスも虚しく、電車とホームの間に落ちてしまった。

しかし彼女はスタイル抜群のボン・キュッ・ボンだったため、下まで落ちずに胸で引っかかった形になった。いつも冷静沈着な班長が連絡を受けて慌てていたのを思い出す。皆もとても心配した。彼女は幸い居合わせた人達に引き上げられて病院に搬送されたが、胸を強打した以外は特に異常はなく無事であると班長から聞いて胸をなで下ろした。

私はといえば「桜ちゃんだったら下まで真っ逆さまだったよね」といわれ、「ちょっと～それどういう意味？」と大笑いしたのだった。箸が転がってもおかしいお年頃。笑顔がいっぱいの日々が過ぎていく。

第11章　後期教育最盛期

単なる風邪、目指せ肺炎？

業務学校での会計新隊員の後期教育は最盛期を迎えようとしていた。

梅雨明け間近の不安定な気候の下、日々の疲れも溜まり風邪をひいて体調を崩す者が続出した。体が資本の自衛官であっても風邪はひくのである。ましてや大部屋であるがゆえ、一人が倒れると次々にドミノ倒しのように感染していくのであった。

私もその一人として高熱が下がらない日が続いた。病人が出ると、部屋の者や班長は大変である。食堂から朝昼晩と食事を飯盒に入れて運び、アイス枕を交換し、点呼の度に検温させて学校当直に報告する。

駐屯地内には医務室があり、軽い症状だと医官さんが診察し薬を処方してくれる。自衛隊で出る薬はとても良く効くと聞くが、診察については何とも言い難い。今は昔より少しはマシになったかもしれないが、所詮自衛官相手のためか、かなりアバウトで手荒な印象であった。

同じ時期に高熱を出し始めた同期と二人、医務室では手に負えないと判断され外の病院に搬送されることとなった。病院の待合室の長椅子にもたれて長い時間待っていると、意識が朦朧としてきた。何かよくわからないがポロポロと涙が流れた。同期は肺炎と診断され、班長は入院手続きやら業務学校への連絡等で大慌て。私はというと、肺炎ではなく単なる風邪との診断であった。

大事に至らなくて良かったと思ったが、一人歩いて帰ることとなり泣きそうになった。私一人のために迎えなんて来るはずもなく、それなら私も肺炎と診断されたかった……ほんとうに辛かったのだもの。

肺炎と単なる風邪患者の扱いの差に衝撃を受けたが、自衛官なんだもの、風邪ごときでしんどいなんていっていたら恥ずかしいのよねと肝に銘じた。

どのようにして駐屯地にたどり着いたかは、全く覚えていない。しかし、もし次回、風邪をひいたら肺炎になるまで絶対に耐えようと思ったのであった。そして、この決意は将来しっかりと果たされることとなる。

ここまで耐えたらそろそろ良い頃合かもと受診し「肺炎」と診断された時は、勝ち誇ったように喜んだ。

ファースト・イン、ラスト・アウトする会計科職種

戦闘職種である普通科や機甲科・特科は、「自衛隊の花形職種」といえるが、会計科職種といえば、後方要員で自衛官としてはイマイチな印象があるかもしれない。よく「所詮、会計科」とか、「たかだか会計隊」などといわれることがあった。戦闘能力では花形職種に比べると劣るのは明白である。でもほんとうのところは会計科職種って、よくわからないというのが本音だと思う。少し会計科職種について書いてみよう。

旧軍では主計将校ともなれば、旧帝大よりも頭が良かったとの説もあり、一目も二目も置かれる存在だったはずである。

しかし現在の自衛隊においては、会計職種は目立たない存在であり、正直、自衛官としてカッコイイかと聞かれたら微妙なところでもある。現に平成の時代に入っても「会計科職種は要らないのではないか」との議論もあったそうである。

会計業務が必要な機能であるという認識はあるものの、自衛隊全体として実動経験が乏しかったためか、「会計業務には自衛官を配置する必要がない」という考えに至ったのはいたしかたないことなのかもしれない。私はそんなことは全く知らなかったが「準自衛官とする」もしくは「事務官に任せても良いのではないか」と真剣に議論されていた時代があったそうだ。

しかしこの数年後、この議論が終結するのは、いうまでもなく「阪神・淡路大震災」が起こったからである。訓練もされていない事務官が天幕生活に耐えられるのか？　二四時間の仕事をさせられるのか？　危険な仕事に就かすことができるのか？　どう考えても無理そうだ。そもそもそのようなことを事務官に求めるのは不適当である。

また現代においては国内の災害に限らず、国外での国際平和維持活動や災害救援活動も増え、自衛隊の活動の場は多岐に渡る。そんな折に、会計科隊員は必ず同行する。あまり知られていないが一番に先遣隊として現地に派遣される要員に会計科隊員はふくまれる。先遣隊として何も準備のない場所において、当面必要とされる物品の調達や生鮮食料品の買い付け、そのためのレンタカーの手配や宿舎借り上げなどの任務に当たるのだ。もちろん最低限の自衛能力も必要とされる。

派遣の場合は、本隊が到着すれば、自隊での管理能力により少しは自活ができるようになるが、それでも日本から遠い場合は、現地及び近隣諸国からの買い入れが必要だ。

ただ現状として、国外における活動については、まだ会計科職種の女性の自衛官は進出していない。

医官やその他の職種では女性の自衛官も国外で活躍しているが、それは派遣人数の多い職種においてであって、少人数で派遣される会計科隊員においては男女の区別をつけて活動するのは難しいところである。

戦闘職種ではないが、最前線にも向かうこともあるのである。先遣隊として一番乗りに現地入りし、本隊が撤退するのを見送ってから現地を去る。「ファースト・イン、ラスト・アウト」の精神を掲げ、会計科隊員は縁の下の力持ちとして活躍している。その他にも、北方機動演習や大きな師団レベルの演習、各部隊の生地訓練（演習場や自衛隊の施設以外の場所での訓練）などにも、何人かを派遣し各部隊に同行支援することもある。

多くの部隊の場合、頭数勝負の任務がかなりあるが、会計科職種においては二等陸士であっても係を持ち、一人一人の役割が明確で誰が欠けても困るような仕組みになっており、個人の責任は重大である。

以前に「今までどんな訓練が一番大変でしたか？」という質問をいただいたことがあった。その質問者は「学生の時の○○の訓練です」とか「演習の時のこんな状況です」等の返答を期待されていたと思う。しかし私が「訓練ではなく、年度末が一番きつかったです」と答えたら唖然とされていた。

これはほんとうのことである。時間が来て終了する「訓練」ではなく、日々が「実戦」なのである。どの職種が楽でどの職種がきついということはなく、特技を生かした各職種がまとまって自衛隊を形成しているのである。

現在では、会計科職種の廃止案はどこへやら。少しずつではあるが、会計科隊員の必要性が見直されているといえる。部隊がある所に人は必ず居て、人が居れば食事をし、物品を消耗する。少ない人員ではあるが、各駐屯地に必ず会計隊があるということは大きな意味を示しているのである。

雨宿りにて雷落ちる

業務学校に来て初めてのお給料日を迎えた。

新隊員は着隊時に小平駐屯地で初めて共済組合の口座を作った。銀行のようなものまで自衛隊内にはあるのだと知って驚いた。駐屯地の中には、散髪屋さんやクリーニング屋さん、売店には生活必需品からお菓子やパン、雑誌等まで売っている。衣食住は保証されており、贅沢をいわなければ駐屯地の中だけで暮らしていけるのだ。食事も隊員が作り、自衛隊の機能だけで町ができそうだ。自衛隊に足りないものは、田畑や酪農くらいではないかと思った。自衛隊とはなんと凄い所なんだろう！

まだ駐屯地内に銀行のキャッシュコーナーがない時代。共済組合の学生用の窓口は、建物の端の小さなガラス窓であった。中がどんな風になっているのか、中の人がどんな人なのかさえもわからないが、窓口から手だけが出て来る不思議な光景。持参してきた大きな金額は全て口座に入れるように指導され、日頃の小銭のほかは、外出の度に班長に申請してお金を下ろすのである。

月の貯金目標を掲げ、まずは会計科職種として自身の金銭管理をいい渡された。しかし私は、東京にいるうちしか買えない物や行けないだろう所に興味があったため、しょっちゅう班長に申請しては怒られたものだった。お給料日のたびに、その小さな窓口には、通帳と印鑑を持った学生の長蛇の列ができた。

初夏であってもWAC隊舎の部屋は暑かった。教場はクーラーがあったが、居室にはクーラーがなかった。窓を全開にして扇風機を回すが、二段ベッドがひしめき合う部屋にはあまり効果がなかった。寝苦しい夜であっても昼間の疲れで、なんとか汗をかきながらも熟睡した。

しかし土曜の夜だけは違った。消灯時間を超え、当直さんの見回りが済むと、ゴソゴソとベッドから這い出して、部屋の中央のベッドに集結だ。懐中電灯を立てて、その上に紙コップを被せると簡易のランタンのようになる。ほのかに明るくなった部屋で、お菓子パーティーの始まり始まり。ガールズトークに花が咲き、夜中にこっそりと過ごすスリルを楽しんでいたように思う。夜更かしをしても次の日は休みなのである。

ある日の土曜の夜。区隊長と教官が、手を繋いで駅前の商店街を歩いていたという情報がもたらされ大盛り上がり。区隊長はお年頃なのだから浮いた話があってもおかしくはないのだが、私達は区隊長と教官の組み合わせに興味津々であった。そっとしておけば良いものを、多感なお年頃の私達は、ニヤニヤしながら週明けの朝礼後に区隊長に詰め寄った。

「区隊長！　〇〇教官と付き合ってるんですか？」「〇〇二士が商店街を手を繋いで歩いているのを見たそうですが」キャーキャーと大騒ぎではやし立てる私達をよそ目に区隊長はフフフと意味深な笑いで大人の対応であった。「今のは否定しなかったよね？」と、次は教官の方にアタック。男性の教官は私達の容赦ない質問にたじろぎ、シドロモドロで赤面して逃げてしまった。私達が卒業した後に、区隊長達はめでたく結婚され、私達の期が縁結びしたと勝手に思い込んでいる。

ある日、何かの用事で教務室から一人で帰ることがあった。私は射撃音や雷など大きな音が大の苦手。その日は午後の早い時間から雷雨。雨衣を着て雨に濡れることには慣れたものの、雷だけはどうにもならない。少し走ればWAC隊舎だが、あまりの雷に建物の陰に避難した。

雷が怖くて動けなくなっていた私の隣には、同じく雨宿りをしている新隊員の男の子がいた。何を話すこともなく、ただ偶然に同じ屋根の下で雨宿りしていただけであったが、その時ちょうど私の班長が通りかかってしまった。仲良く？　雨宿りしている新隊員の男女と勘違いしたようで「そんな所で何やってるのよ、あんたたち!!」と雨の降りしきる中で激怒。

私は何を怒られているのか咄嗟にわからず、班長と一緒にWAC隊舎に帰れるとホッとしたのも束の間、本物の雷よりも怖い班長の雷が落ちた。

「班長、誤解です」といいたいが、本物の雷で縮こまっている私にはそんな余裕はなかった。ひたすら怒られてしまい、悲しかった。

おしゃれしてプールバーへ

週末の外出は決まってデパート巡り。新宿に行くことが多かった。デパートでは自衛官の身分証明書を見せると割引を受けられた。外見が少しだけ女の子に見えるようになってきて、おしゃれ度もアップした。

ある日、沖縄の同期がちょっぴり背伸びして「東京に居る間にプールバーに行ってみたい」といい出した。プールバーとはビリヤード施設のあるバーのことである。東京にしかない、おしゃれな大人の空間にドキドキする。旅行雑誌で下調べをして、皆で行く気満々である。

ビリヤードができようができまいが関係ない。飲酒しなければ未成年でも入場できるとのこと。年齢は大丈夫ではあるが、見た目が少年のような私達。お世辞にも女性らしいとはいえない。お店の人に入場を断られないかしらと不安になった。

その日から、どうしたら大人の女性に見えるかの研究が始まった。できる限り大人っぽい服装にメイク。まずは部屋でファッションショーだ。ディスコに通うお姉さんをイメージして準備は加速していく。

当日は、不似合いなセクシーな服装に、妖怪のようなメイクをした新隊員がゾロゾロと営門を通過した。下手をすれば仮装パーティーである。

私も同期に借りた口紅を塗ってみた。気合いを入れて向かったプールバー。地下へと続く階段を下りると、乗りの良い洋楽が聞こえた。恐る恐るドアを開けると、おしゃれな空間？いや……市民の卓球場に毛が生えたような健全なビリヤード場であった。ビリヤードをするような服装でもなく恥ずかしくなって、ジュースを飲んで退散したのであった。

なんとも無駄なことをしているが、何にでも全力で取り組もうとする姿勢は評価しておこう。

教育隊時代は、区隊長や班長の元、自分のために学び、自分のことだけしっかりとしていれば良かった。そしてお給料をいただけるのである。今から考えるとなんとありがたいことだったか。あの頃の私はまだそのことに気付いていなかった。

第12章　業務学校卒業の日

そろばんは宴会芸に使わない

新隊員後期・会計科職種の教育はそろそろ終盤に向けて加速する。

後日旅立つ新隊員が安心して赴任できるように、各課程の諸先輩方との絆を強める交流会が学校を挙げて行なわれた。今はなき大講堂でおつまみなどを囲んでの交流会。大講堂は、かまぼこ型の平屋でかなりの年代物。床がコンクリートの大講堂はひんやりとして涼しい。歓談の後、盛り上げるために各課程は舞台上で「出し物」を披露した。新隊員だけの宴会は何度か経験していたが、階級の上の偉い方達との交流は初めてである。お酒は入らないが自衛隊の宴会とはどんなものなのだろう？　皆とても楽しみにしていた。

長年、自衛隊で鍛えられた方達の出し物はとても楽しかった。特に「ＳＬＣ」と呼ばれる三尉候補者課程のおじさん達の出し物は演劇風で、女性に扮したおじさんが登場した。どこからそんな服を借りてきたのか？　どこでそんな練習をして、どこでそんな特技を身に付けたのか？　自衛官って凄い！　テレビのお笑い番組よりも面白い。芸達者なSLCの集団であった。

次に「BOC」と呼ばれる幹部初級課程の人達が出し物を披露した。BOCの方々は幹部であるが、私達と年頃も近く若い方もいた。なぜかジャージのズボンをずらして、タオルを糸で棒状に加工した物をウエストゴムに挟み、腰振りダンスを始めた。

若かった私達は何だかよくわからなかったが、短大卒の年上の同期などはコソコソと話をしている。班長などの顔は引きつっていた。冷たい空気が漂う中でSLCのおじさん達は場を和ませようと必死に「BOCいいぞ！　若いぞ～」と盛り上げようとしていたが、私達は次が出番だからと早々に屋外に連れ出され、その後BOCの方々の出し物がどうなったかはわからない。

男性しかいない宴会では、このような芸が喜ばれるのだろう。今の時代だとセクハラなどといわれるが、この頃はまだそんな言葉はなく、こんなのが普通であった。おかまいなしの状態で私達は男性社会の中で徐々に鍛えられていくのである。やはりSLCのおじさん達の芸は年季が入っていて卓越していたと感じた。

次は私達の出番だ。芸というほどの芸もなく、新隊員前期の時に武山駐屯地の記念日にポンポンを持って踊ったダンスを披露することにした。

その日のために、各自で間稽古の時間などを利用してポンポンを作った。ポンポン作りには大量なビニール紐が投入される。しかもポンポンといえば赤や青色のイメージだが、新隊員前期も後期もポンポンは鮮やかな緑だった。なぜに緑？　と思っていたが、この緑色の紐は一般的に野外訓練の際の荷造りに使われるらしく、戦闘職種ではあたりまえのようにあるのだそうだ。

会計科職種はあまり演習に行かないので、白色の紐を使うことが多く緑の紐には縁がなかった。そのビニール紐のことを班長達は「スズランテープ」と呼んでいた。最初はどんな可愛いセロハンテープが出てくるのだろうと思っていたが、荷造りの時に使うような細い単なるビニール紐である。これも一種の自衛隊用語なのだろうか？

さて、舞台上の私達は、流行のアイドルのテンポの良い曲に合わせて、総勢五〇名ばかりが半袖短パンにポンポンを持って陽気に踊った。各課程の学生はテーブルを離れて舞台の前に集結。拍手喝采で大いに盛り上がっている。最前列では馴染みのSLC課程のおじさんが「桜ちゃーん！　いいぞ〜」と声援を送ってくれる。最高の笑顔で応える私達。場内が一つとなって盛大に交流会は終了した。

ちなみに、会計科職種の宴会ではそろばんを使うと思っている方もいるようだ。かなり昔の歌謡漫才のコメディアンがそろばんを楽器代わりに面白おかしく使っていたイメージで「そろばん＝宴会芸」と連想されるのであろうか？

そろばんは会計科職種にとって大げさにいえば「神聖なる武器」であり、決して宴会芸には使用しない。ましてやそろばんでチャンバラとかローラースケートのように使うこともない。

私は特に大切に使用していたので、一日の終わりには布で軽く拭いて手入れをしてから片付けていた。そろばんは、一昔前の会計科職種にとって大切なアイテムだったのである。

初めての自衛隊盆踊り♪

夏真っ盛りの業務学校。お祭りムードは続き、駐屯地の盆踊り大会が行なわれようとしていた。盆踊りの日には駐屯地は一般開放となり、近隣住民の方が大勢お越しになる。

私達も初めて主催者側として参加するこの盆踊り大会を楽しみにしていた。おもてなしはできないが私達の役目は盆踊りコンテストに出場し、各課程毎に競い盆踊りを盛り上げることだった。そのために日夜、盆踊りの練習が続くのである。

午後からは体育の時間を充てて大講堂で延々と盆踊りの練習をした。炭坑節などはなんとなく知っていたが、東京音頭など地域性のある踊りを新たに覚えた。盆踊りの教官は班長である。

動作を区切って大きな声で号令をかけてわかりやすくレクチャー。「掘って掘ってまた掘って、担いで担いで、押して押して、チョチョンがチョン」「声出せー!」。私達も覚えるために復唱しながら踊る。

一通り覚えたところで曲に合わせると、楽しげな盆踊りらしさに一気にテンションが上がった。だが最後の仕上げは女性らしい仕草の習得である。力強い自衛隊風の踊りではなく、品良くしなやかな女性らしさを求められるがこれがまた難しい。

上手な子が数名選ばれ、列の先頭に据え付けられ、WACの踊り子隊のイメージアップ作戦だ。審査員席の前を通過する時は可愛く微笑め～！　もちろん私はその他の大勢の列中であった。

普段の厳しい訓練とのメリハリのレクリエーションかと思いきやなんのその。娯楽が少ない自衛隊において、楽しく団結の強化・士気の高揚を図ると共に、部外への広報の意味合いもある盆踊り。自衛隊ってこんなことにも全力を尽くすのだなと、自衛隊精神を垣間見た気がした。

当日は、私達はお揃いのTシャツを作って統一感を演出。胸元には桜吹雪の中に、大きく教育隊長の名前で「〇〇組」とプリントされたTシャツに短パン姿で華を添える。教育隊長も大変ご満悦な様子であった。お酒も入った教官達も楽しそうである。

会計教育部も夜店を出してボランティア。お人形のように美しい私達の第二班長は、この時ばかりとお目当ての教官に猛アタックしている。私達は愛のキューピッドとして班長の恋路を応援した。その他の課程学生もアイデア豊かに仮装し、唯一の華やかな女性の踊り子隊と共に大いに場内を盛り上げた。

大勢のWACの踊り子隊が見られるのは全国の駐屯地でも数えるくらいしかないであろう。

コンテストに出ると、ＷＡＣの踊り子隊はほぼ賞をもらえる。しかし男性のチームについては、区隊長や部隊長の名誉のために熾烈な争いが繰り広げられ、皆真剣勝負なのであった。こうして初めての自衛隊の盆踊りの夜はふけていった。後期教育でも楽しい想い出ばかりが増えていく。

一九歳の誕生日！

私はこの教育中にめでたく一九歳の誕生日を迎えた。特別な日に朝からウキウキする。課業の終わりの終礼には、区隊全員で円陣を組んで掛け声をするのが恒例だ。その日の出来事や明日の目標などを織り交ぜて、「今日も一日頑張った（今日も一日頑張った）、明日も暑さに負けず頑張ろう（明日も暑さに負けず頑張ろう）、精強会計新隊員～ファイト！（オー）ファイト！（オー）ファイト！」。その掛け声はいつもは内務係が仕切るのであるが、誕生日の者がいる場合はその者が主役となる。

元気な掛け声で「今日は私の誕生日（ヒュー）、素敵なＷＡＣになりたいな（ヒュー）、精強会計新隊員～ファイト！（オー）ファイト！（オー）ファイト！」。拍手と共に「おめでとう」と皆が祝ってくれた。とってもめでたいＷＡＣの掛け声が小さな小平駐屯地に響き渡った。

この円陣を組んでの掛け声は、朝霞の新隊員前期からの風習で、終礼時だけでなく何かの大会の前などに気合を入れる場合など、団結の強化のために行なわれていた。それは全国の陸上自衛隊の教育隊においても行なわれていることだとばかり思っていたが、そうではないということを、この記事を書いていて初めて知った。

学生の頃の誕生日は夏休みの最中で、友達が思い出したようにお祝いしてくれるのは九月の新学期に入ってからだった。夏生まれというのは損だなとずっと思っていた。

それが同期のみならず班長や区隊長も一緒にお祝いしてもらえてとても嬉しかった。居室に戻ると仲の良い同期が思い思いにプレゼントを用意してくれていたのに驚いた。この日のために事前に準備してくれていたのだ。感激で思わずジーンと目頭が熱くなった。

プレゼントのほとんどが実用品だった中、一際目立っていたのは「ヘビのぬいぐるみ」だ。それも自衛隊の毛布と全く同じOD色の、二〇センチくらいのチビヘビ。頭にはチョコンと赤いリボンを付けている。

私がぬいぐるみが好きだと知っていた同期が選んでくれたのだ。ムギューと抱くと……あれ？　固い。ぬいぐるみにはゼンマイが付いていて、ゼンマイを巻くとオルゴールの音色と共にヘビはクネクネと匍匐前進し始めた。

あまりの可愛さに皆が集まり大はしゃぎ、ヘビはベッドの上で延々と匍匐させられた。私は大変そのヘビのぬいぐるみを気に入り、その日からコッソリと一緒に寝た。もちろん不必要な私物は厳禁であるが、朝になると毛布の間に隠して授業に行った。毛布と同じ色のため、最適な偽装であった。

会計科職種も演習がある

新隊員後期の会計科職種の教育においても演習には行く。ただ前期と比べると簡単なおさらい程度のものであったように思う。前期との違いは、会計隊においての行動を前提に、歩哨訓練などが主で、その他に「業天」と呼ばれる大人数が入れるタイプの天幕の構築要領などを訓練した。

背嚢入れ組品である個人用天幕は二人用の小さなタイプ。それより遙かに大きな天幕展張に苦労する。行軍も一応あったと思うが、教官達も会計科職種のため、正直、野外での訓練は得意ではない。想像していたよりも楽だったような気がする。

しかし実のところ私には後期での演習の記憶がなぜか全くない。それは大きなショックを受けたことが原因ではないかと思われる。前期の職種分けで、事務職メインの会計科職種となり落ち込んでいた私に、前期の班長は「会計科職種は演習にそろばんを持って行くんだぞ」といった。

銃をそろばんに持ち替えて、堆土から堆土へ低い姿勢でシャカシャカ音を立てながら走り、そろばんを持って匍匐前進をするとも聞いていた。最後はそろばんによる突撃、そしてそろばんの分解結合等……私の妄想は加速する。

会計科職種ってなんて凄いのだろう♪と胸をときめかした。私を元気付けるための班長の冗談だとはその時の私は気づいていなかった。「隊容検査」と呼ばれる出発前の点検で、背嚢入れ組品にそろばんの指定がなかった。「そうか！　大事なそろばんが傷ついたら困るから、演習用の貸し出しそろばんを現地で受領するんだ」と思った。分解結合もその貸し出し用のそろばんで教えてもらうのかな。そろばんを用いての戦闘訓練が楽しみで楽しみで、私は何一つ疑っていなかった。

ずっとワクワクしていたのに……もちろん待てど暮らせど、この演習間にそろばんが登場することはなかった。

あれ……えっ？　そろばんは？　嘘だったの？　ガーン。ちなみに演習ではないが、特技能力を競う競技会が演習場である場合には、そろばんを持って演習場に行くこともあるので、全くの嘘ではないと前期の班長の名誉にかけていっておこう。

記憶はないが、当時の写真を見て演習には行ったんだろうなぁとは思う。その昔の演習写真の中にトラックの荷台で荷物を枕に寝ている写真を発見した。帰路に疲れ果てて爆睡中のその写真の私の枕元には、あのヘビのぬいぐるみがあった！　私……演習にぬいぐるみを持って行ってた⁉

今にして驚くと共に恥ずかしさがこみ上げてくる。そうだ、同期から「あんまりにも可愛かったから撮っておいたよ」と卒業前に写真をもらったんだ。そろばん演習&ぬいぐるみ、昔の私は良いようにいえば純粋といえるが、普通に見ればアホの子である。

こうしている間も時は流れ、同期との別れの卒業までのカウントダウンは始まっていた。

駐屯地会計隊の見学

酷暑を乗り越えて小平駐屯地での新隊員後期・会計科職種の全ての教育は最後の仕上げといったところか。いささか過密スケジュールで大忙し。

そんな折り、小平駐屯地内にある会計隊の見学に行くこととなった（現在は、旧業務学校・調査学校等が小平学校として統合されたため、この会計隊は廃止となり存在しない）。赴任後に私達が配属される会計隊の雰囲気をイメージさせるためであろう。普段は会計教育部のある建物とＷＡＣ隊舎との往復ばかりで、その他の建物に入ることはほぼなかった。学生は小さな小平駐屯地内を知っているようで知らないのである。初めて訪れる会計隊、どんな所なのだろう？　私の中では銀行をイメージしていた。広々と清潔感があって涼しくて、カウンター越しに爽やかに勤務する自衛官。

班長に引率されて初めて目にした会計隊は、とても小さな部隊であった。部隊編成（定員数）の規模自体が小さいのもあるが、部屋もとても狭かった。かろうじて事務用のカウンターらしき物はあったが、ボロボロの隊舎の中のボロボロの部屋に、所狭しと事務机が押し込まれていた。

区隊全員は入れない部屋。いくつかのグループに分けられて、班長の説明を受ける。率直に私が受けた印象は「田舎の山奥のお役所の派出所」である。これが会計隊なんだ……と現実を突きつけられた。

会計教育部のある会計科職種のメッカとも言える小平学校の会計隊は、私の想像していたものとは遙かに違った。それまでワクワクムードだった同期も一様に衝撃を受けているようで静かになった。ただ救われたのは、こじんまりとした会計隊のアットホームな雰囲気だった。お父さんのような隊長を中心に優しそうな先輩方。イメージとはかなり違ったが、居心地の良さそうな温かい職場だと感じた。この会計隊へは同期が配属予定であった。いいなぁ、ここで勤務するんだ。私が配属される駐屯地の会計隊はどんな所だろう、こんな感じの良い人達ばかりだといいな。

後から思うと、この小平学校の会計隊は特に規模が小さかったのではないかと思われる。小平駐屯地自体の面積も小さいが、人員のほとんどが学生であり、本属の隊員は少ないからである。

今にして思えば、小平駐屯地は前期教育の朝霞駐屯地と比べると色々とアットホームな所があった気がする。例えば食堂での待遇である。前期教育の大きな朝霞駐屯地の食堂では、並ぶだけでも競争で、配膳も前に遅れまいと毎日必死であった。

しかし小平駐屯地の食堂は、とても静かでのんびりとした雰囲気だった。おかずが足りなくなったからと、目玉焼きをホットプレートで一人ずつ焼いて出してもらった時は、なんとも嬉しい気持ちになった。駐屯地全体が新隊員に優しく、温かい目で育てて下さったと感じる。

この後、しばらくして各赴任先への挨拶状を書く授業があった。基本的な手紙の書き方や季語の例など。それまできちんとした手紙を書いたことのなかった私達は、大人としての教養を学んだ。一人一枚ハガキを配られ、緊張しながら丁寧に書いたのを覚えている。

文字での第一印象は大切である。また会計科職種として美しい文字は、求められる素養の一部でもあった。赴任先への挨拶状は、この後の自衛隊人生においてもつきものである。もちろん挨拶状を出さずに電話等だけの人もいるが、直筆の手紙というものはいつの時代でも良いものである。今から考えると、こんなことまで教育をしてくれる職場はなかなかないのではないだろうか？　大変ありがたいことである。そうして日増しにまだ見ぬ私の会計隊を夢見たのであった。

思い出作りに花火大会――班長激怒！

ある日、学生だけで想い出作りをと何か企画することとなった。お揃いのTシャツは作ったし、修了までのカウントダウンが始まっているため、もう今からは旅行の計画もできない。課程毎に行なわれる予定の宴会とは違う形式の催しをしたい。何か良い案はないかと話し合っていると「みんなで花火をしよう」ということになった。

それいいね！　夏の想い出にみんなで花火大会だ。「ロケット花火もほしい！」「一番最後はやっぱり線香花火だよね！」と大盛り上がり。残念ながら浴衣姿ではなく、きっとジャージ姿なんだろうけど、ＷＡＣの群れが線香花火で遊んでいる微笑ましい姿が想像された。花火は各自で思い思いのものを持ち寄ることとなった。

その日から花火大会に向けて、せっせと花火セットを買い込む私達であった。五〇名余りが買い込んだ花火の量はいかほどに……。それらは、ＷＡＣ隊舎内の「私物庫」と呼ばれる各自の荷物スペースに大量に蓄積されていった。

それなりに自衛官らしく実施計画を練ってみた。準備物は何が必要か？　安全確保のために水道の位置を確認し、バケツの保有数の掌握から配分計画など、私達なんとなく自衛官ぽくなってきたかも♪　実施日時も決定し、場所はＷＡＣ隊舎前と決定。車も通らないし安全だよねと、私達は判断したのだった。そして花火大会の日を待つばかりとなった。

当日はＷＡＣ隊舎の前は、新隊員で溢れることが予想された。うるさいと基幹隊員の先輩達から苦情が来るかもしれない、班長達も当直に就いていて怒られるかもしれないと考えた時、「そうだ！　班長も先輩方も誘ってみてはどうだろう」という案が出された。それはいいね、みんなでやろうよと益々楽しみになった。こんな計画がなされていることなど班長達は全く知らない。その間にも、私物庫の花火はドンドン増えていく。

花火大会当日。「班長、今晩は忙しいですか？　私達、花火大会をするんですけど一緒にしませんか？」と声をかけてみた。「花火？　どこでするの？」との問いに「はい、ＷＡＣ隊舎前です♪」と明るく返事をすると、見る見る班長の顔色が変化した。「ダ……ダメだよ‼　ダメーーー‼　あんた達、なに考えてるのよ～‼」と班長はいきなり激怒。えっ⁉　私達はなんで怒られているのかわからないが、知らぬ間に班長の地雷を踏んでしまったようであった。

駐屯地内は火気厳禁である。火気を使用するためには使用申請と許可が必要であった。当然のことながら、花火などは許されるはずもない。しかしそんなことは私達は知らなかった。「ところで、その花火は準備しているの？」と恐る恐る班長が聞く。「はい準備してあります」。班長が絶句しながら「……今どこにあるの～？」と悲鳴に近い声を上げる。「えーっと……私物庫に……」。班長は青ざめていた。

空調もなにもない真夏の倉庫に、花火といえど火薬が大量に蓄積してあり、しかもそこはWACの生活隊舎。今から考えると自分でも怖い。私達はこっぴどく班長に怒られ、「駐屯地で花火やったらダメなんだね……」と勉強したのであった。あれほど良い案だと楽しみにしていた花火大会。私達は全員シュンとしていた。

でも大量の花火をどうしよう？「駐屯地内がダメなら外でやったらいいんじゃない？」私達は不屈の精神で花火大会続行を試みた。日程を変更して、週末の夜に近くの公園で行なうことにした。もちろんそれまでの間、花火は私物庫で眠ったままだ。

夜の公園にショートカットの女の子の群れ。「○○二士」などの階級で呼ぶ声も聞こえる。楽しくて大盛り上がりの私達は迷惑そのものであった。近隣住民には自衛官だとすぐバレる。小平駐屯地には苦情の電話が来ていたようである。

ショートカットの二士の女の子の集団といえば、WACの会計新隊員しかいなかった。もちろんWAC隊舎の部屋はもぬけの殻、班長は頭を抱えたことであろう。しかし経緯を知っている班長は、明くる日に私達にチクリと言っただけで見逃して下さった。きっと班長も上層部から怒られたのだろうなと思った。こうして私達は無事に？　同期と想い出を深めることができたのであった。

集大成の業務実習始まる

会計科業務の授業も終わりに近づく。私のそろばんの腕は相変わらず下手なまま。部隊に配属されたら、ほんとうにそろばん教室に通おうかしらと思ったほどだ。これで部隊に配属されて即戦力になれるのだろうか？　授業の内容も覚えなければいけないことがたくさん増え、難しくなっていた。

テストが続く毎日。特に難しいと感じたのは、各業務には専用の自衛隊の定型用紙があってそれぞれ細分化されており、全種類を覚えて適切に使いこなすことだった。新隊員の教育課程ではそんなことまで要求されていないのかもしれないが、教育が終われば実戦である。毎日毎日、書類に囲まれる生活が始まるのだろうなあ。教育が終わってしまう寂しさと、先行きの不安が日増しに募っていった。

それでも時間は流れて、最後の集大成として「業務実習」と呼ばれる総合訓練が行なわれた。その他の職種では山の中での演習が集大成のところも多いだろうが、会計科職種では実務によるこの業務実習が最大の山場であった。

講堂に集められ、厳正な雰囲気で業務実習は始まる。細部の説明を受け、みんな緊張している。各人に担当係が割り当てられ、小さな会計隊を模したグループがいくつもできる。同期はたくさん周りにいるが、各担当が異なり、与えられる業務が違うため相談することもできない。今まで教わったことを思い出して、資料を引っ張り出しながら自分一人で書類と格闘する。一日の会計隊の流れを実際の時間を追って体験していく。それは数日間にも渡り続いた。

各係のゼッケンを付けて、長机にスタンバイ。私は給与係だったような気がする。始まる前に撮影した記念写真は、意気揚々と笑顔がいっぱいだった。きっとこの業務実習での結果は、かなり成績に影響したのだろうが、どんな問題が出たのか、どれくらいできたのか全く覚えていない。無駄話もなくザワザワとしたあの会場の緊張感のある雰囲気と、課業終了後にドッと疲れたことだけが想い出として残っている。会計隊での業務って、こんな感じなのだろうなぁ。ほんとにやっていけるのだろうか私。

同期との別れ……いよいよ赴任地へ

大切な同期とも別れの時は必ず訪れる。あと何日と数えては、悲しい気持と希望に満ちた赴任のワクワク感が入り混ざる。前期教育の卒業よりは少し落ち着いた感じであった。装具類の返納に向けて、整備をしてＷＡＣ隊舎の洗濯場で虫干している時や、こじんまりとした浴場でゆったりと湯船につかっている時に、誰ともなく「また絶対会おうね、手紙書くからね」としんみりとした会話になった。

ついに修了式の日を迎えた。形通りの修了式を迎えて、午後からは赴任先への移動である。前期教育での別れは、各学校への大きな人数の単位での移動だったが、今回は全国津々浦々にバラバラに飛び立つのだ。もう会えないかもしれない同期。実際に卒業後に一度も会えなかった同期は山ほどいる。

班長の引率の下、電車で移動した。私達は新幹線組であった。前期で別れを経験してわかっているのに、それでも涙が溢れて止まらなかった。乗換駅の度に少しずつ人数が減っていく。駅なので号泣する者はいなかったが、みんなシクシクと泣きながら「元気でね！　手紙ちょうだいね」と、別れを惜しんだ。

泣き腫らした目をしたショートカットの女の子の集団を乗せた電車は、非情にも出発する。新幹線の時間があるからと先を急ぐのである。新幹線の乗り場に着いた頃には、陽が沈みかけていた。

東京駅では班長との別れが待っていた。引率して下さったのは、私の一班長であった。泣き尽くしたはずなのに「班長……」と最後の涙が溢れる。配属されればもう班長にお世話をしてもらうことなく、一人の自衛官として頑張らねばならない。「ありがとうございました、お元気で！」。私達は新幹線の改札を抜けた。何度も後ろを振り返り、班長に手を振る。班長はずっとニコニコとしていた。私達が卒業してホッとしただろうが、きっと班長も寂しかったと思う。新幹線の乗り場でも各方面への別れで、最終的には四人のグループで行くこととなった。

まだＷＡＣの少なかった時代。各駐屯地にＷＡＣ隊舎はなく、ＷＡＣ隊舎のある駐屯地から近隣の各駐屯地に通勤するのが普通であった。私も通勤組で、この四人は同じＷＡＣ隊舎に行く同期であった。東京駅でＷＡＣ隊舎へのお土産を買って、私達を乗せた新幹線は出発した。

さようなら東京。またいつか来る日があるのかな。東京に行ったら標準語になるだろうと思っていたのに、私の田舎弁は全く変化しなかった。たった半年だったけど、私の青春がいっぱい詰まった思い出の地。みんな元気でね、ありがとう。この先どんな自衛隊人生が待っているのであろうか。希望と不安でいっぱいの私達を乗せて新幹線は西へ西へと走っていくのであった。

卒業から数年後、陸曹になって小平学校に帰ってきた者は、一割にも満たなかった。

単行本　平成二十九年三月　潮書房光人社刊『ＷＡＣの星』改題

あとがき

この物語は、昭和の終わりが近付く頃に、東京都練馬区に駐屯している陸上自衛隊朝霞駐屯地の「婦人自衛官教育隊」に入隊した、一人の小さな女性自衛官（通称：ＷＡＣ、ワック）の教育隊時代の奮闘記です。

軽い気持ちで入隊した私を待ち受けていたのは、今までの生活とは全く異なる「自衛隊」という独特の社会でした。

外の世界から遮断され、二四時間管理の集団生活に、当初は辛く厳しく感じていましたが、次第に周りの仲間との絆でなんとか乗り越えることが出来ました。

当時から約三〇年経って、自身の人生を振り返りながら原稿を書いていると、自衛隊に入隊したことで親のありがたみを初めて感じ、集団の中で協調性を養い、相手を思いやる心を培ったこと等に気付きます。中にはお恥ずかしい話も多々ありますが、半人前の女の子の経験をほぼありのままに綴ってみました。

大きな変化に順応し、半年余りでも人は成長するものなのだなと改めて感じると共に、自分の子供がちょうど同じような年頃となり、自身の体験記ながら親のような不思議な気持ちで、我ながら手に汗握りながら書いたことが思い出されます。

昭和の時代と現在では、『男女雇用機会均等法』をはじめとして、女性の自衛官を取り巻く環境もずいぶんと変化しています。「婦人自衛官教育隊」は、民間から「婦人という言葉は差別だ」との指摘を受け、平成一五年に「女性自衛官教育隊」と改称しました。

本書はお嫁に行って寿退職するのが最良とされていた時代、多くの女性自衛官が歩んだ道でしたが、現在は育児休業制度の確立と共に現場での理解も浸透し、長く勤務する環境が整っています。また女性の職域や階級層の拡大が進み、各種ハラスメントに対する考え方も徹底されており、働きやすい組織へと変化しています。

しかしどのように時代が流れても、自衛隊が男社会であることは不変かもしれない。私個人はそれはそれで良いと思ってしまいますが、きっとそれは昭和時代を経験しているからだと思います。

国内における災害派遣等での活躍や、国際平和協力活動に参加する等、自衛隊を取り巻く状況も刻々と変化しており、より一層精強な自衛官が求められているように感じる今日この頃。それに対し、のほほんとした昭和の時代の自衛隊を知る者は「古き良き時代」と言う。

昔の自衛隊をご存知の方には、随所に散りばめられた「昭和あるある」が懐かしいことと思います。また、自衛隊をご存知ない方には、自衛隊とはこんな感じとイメージ出来ることでしょう。教育隊での純真さは、今の子も昔の子もそう変わっていないと思います。少しでも何かの参考になれば幸いです。

自衛隊物の記事は、花形の戦闘職種の勇猛果敢な物や、偉い方の手記等が多い中、数少ない昭和の時代を知っている女性の自衛官で、どこにでも居る普通の女の子の等身大の話は珍しいのではないかと思います。ある意味、手付かずの現代史と言えるかもしれません。

まだまだ女性の自衛官が珍しかった時代に大切に育てていただき、その後どうしたことか陸曹となり、平成中期まで長く自衛隊にお世話になります。また平成後期の近年（本編に収録された部分を執筆した後）、育児休業支援施策の一環で、「任期付自衛官」として一時復帰も果たしました。

昭和から平成にかけて自衛隊の移り変わりを身を持って感じ、新たに得た見聞を加え、これからも一層楽しい記事が書ければと願っています。

そして新元号になろうとしている現在、本作以外の自衛隊関連の記事も手掛け、ライターとして自衛隊に恩返しできるよう、微力ながら活動しております。

この記事の連載中、新隊員時代にお世話になった方々と再会する機会に恵まれました。「私が知っているシロハトさんは一人いるけど、あのシロハトが文章を書けるとは思えない」と皆が口を揃えて言いました。ほかにも「シロハトは教育中にお絵かきをしていた印象しかない」などさんたんたるものでしたが、私自身も自分が物書きをしているのが不思議でなりません。後年に体験記を書くと分かっていれば、もう少しマシな自衛隊生活を送ったことでしょう……トホホ。

しかしながら、文庫本出版の運びとなりましたことは嬉しい限りです。これもひとえにご指導いただきました潮書房光人新社の皆様方のおかげと、心より感謝しております。また、日頃より応援いただいている皆様方にも、この場をお借りして御礼申し上げます。

一般社会の女の子が経験出来ないようなことを体験してきたことは、私の人生において大きな宝物となっています。シロハト桜はこれからも、たくさんの人との出会いと別れを繰り返し、少しずつたくましくなっていきます。

笑いあり涙あり、微笑ましい成長記をどうぞお楽しみ下さい。

二〇一九年一月

シロハト桜

NF文庫

新人女性自衛官物語

二〇一九年三月二十二日　第一刷発行
著　者　シロハト桜
発行者　皆川豪志
発行所　株式会社　潮書房光人新社
〒100-8077　東京都千代田区大手町一-七-二
電話／〇三-六二八一-九八九一(代)
印刷・製本　凸版印刷株式会社
定価はカバーに表示してあります
乱丁・落丁のものはお取りかえ致します。本文は中性紙を使用

ISBN978-4-7698-3111-2　C0195
http://www.kojinsha.co.jp

NF文庫

刊行のことば

第二次世界大戦の戦火が熄《や》んで五〇年——その間、小社は夥しい数の戦争の記録を渉猟し、発掘し、常に公正なる立場を貫いて書誌とし、大方の絶讃を博して今日に及ぶが、その源は、散華された世代への熱き思い入れであり、同時に、その記録を誌して平和の礎とし、後世に伝えんとするにある。

小社の出版物は、戦記、伝記、文学、エッセイ、写真集、その他、すでに一、〇〇〇点を越え、加えて戦後五〇年になんなんとするを契機として、「光人社NF（ノンフィクション）文庫」を創刊して、読者諸賢の熱烈要望におこたえする次第である。人生のバイブルとして、心弱きときの活性の糧《かて》として、散華の世代からの感動の肉声に、あなたもぜひ、耳を傾けて下さい。